教育部高职高专教育林业类专业
教学指导委员会规划教材

园林技术专业综合实训指导书

——园林植物栽培养护

魏　岩　主编

U0427515

中国林业出版社

内 容 简 介

本教材共包括三部分内容，各部分内容的编写根据生产实际各具特色。园林植物繁殖部分以生产过程为主线，配合典型品种，实训过程与生产过程基本一致。花卉生产部分以典型品种为主线，实训过程与典型品种的生产过程完全一致。园林植物绿地应用部分以生产内容为主线。内容涵盖园林树木、商品花卉、草坪的繁殖、栽培及养护技术。

本教材为教育部高职高专教育林业类专业教学指导委员会规划教材。供各类高职院校园林技术专业及相关专业使用，也可作为技能培训教材和自学用书。

图书在版编目（CIP）数据

园林技术专业综合实训指导书. 园林植物栽培养护/魏岩主编. —北京：中国林业出版社，2008.12（2021.1 重印）
教育部高职高专教育林业类专业教学指导委员会规划教材
ISBN 978-7-5038-5422-4

Ⅰ. 园… Ⅱ. 魏… Ⅲ. 园林植物-观赏园艺-高等学校：技术学校-教材 Ⅳ. S68

中国版本图书馆 CIP 数据核字（2009）第 020910 号

中国林业出版社·教材建设与出版管理中心

责任编辑：田 苗　康红梅
电话：83153557　　　　传真：83143516

出版发行	中国林业出版社（100009　北京市西城区德内大街刘海胡同 7 号） E-mail：jaocaipublic@163.com　电话：（010）83143500 网　址：www.forestry.gov.cn/lycb.html
经　　销	新华书店
印　　刷	北京紫瑞利印刷有限公司
版　　次	2008 年 12 月第 1 版
印　　次	2021 年 1 月第 5 次印刷
开　　本	787mm×1092mm　1/16
印　　张	7
字　　数	178 千字
定　　价	36.00 元

未经许可，不得以任何方式复制或抄袭本书之部分或全部内容。

版权所有　侵权必究

高职高专林业类主干专业综合实训教材审稿专家委员会

主　　任：杨连清　国家林业局人事教育司
副主任：苏惠民　南京森林警察学院

林业技术专业：
组　　长：邹学忠　辽宁林业职业技术学院
成　　员：杨连清　国家林业局人事教育司
　　　　　宋玉双　国家林业局森防总站
　　　　　李近如　国家林业局林业工作站管理总站
　　　　　李宝银　福建林业职业技术学院
　　　　　刘代汉　广西生态工程职业技术学院

木材加工技术专业：
组　　长：吕建雄　中国林业科学研究院木材工业研究所
成　　员：苏惠民　南京森林警察学院
　　　　　朱　毅　东北林业大学材料学院
　　　　　贺建伟　国家林业局职业教育研究中心
　　　　　苏孝同　福建林业职业技术学院
　　　　　张绍明　中南林业科技大学职业技术学院

园林技术专业：
组　　长：王　浩　南京林业大学园林学院
成　　员：陈　动　上海市园林绿化工程质量监督站
　　　　　安家成　广西生态工程职业技术学院
　　　　　周兴元　江苏农林职业技术学院
　　　　　罗　镪　甘肃林业职业技术学院
　　　　　吴友苗　国家林业局人事教育司教育处

园林工程技术专业：
组　　长：莫翼翔　杨凌职业技术学院
成　　员：戴栓友　国家林业局人事教育司教育处
　　　　　钱拴提　杨凌职业技术学院
　　　　　董新春　江西环境工程职业学院
　　　　　屈永建　西北农林科技大学
　　　　　张晓萍　福建省福州森林公园

编写人员名单

主　　编　魏　岩
编写人员　（以姓氏笔画为序）
　　　　　　　刘　奎（江苏农林职业技术学院）
　　　　　　　林　锋（辽宁林业职业技术学院）
　　　　　　　耿晓东（苏州农业职业技术学院）
　　　　　　　黄华明（福建林业职业技术学院）
　　　　　　　魏　岩（辽宁林业职业技术学院）
主　　审　周兴元（江苏农林职业技术学院）
　　　　　　　王　浩（南京林业大学）

前　言

为贯彻落实《国家林业局关于大力发展林业职业教育的意见》精神，根据教育部《关于全面提高高等职业教育教学质量的若干意见》（教高〔2006〕16号）和《关于加强高职高专教育教材建设的若干意见》（教高司〔2000〕19号）的精神，结合园林行业人才的需求编写本教材，为教育部高职高专教育林业类专业教学指导委员会规划之一。编写的宗旨是以技术应用能力培养为中心，以职业素质和职业技能要求为标准，以职业岗位作业流程为导向，以典型品种为依托，强调它的实用型、可操作性，努力使实训教学过程与生产一线工作相一致。

编写过程中力求做到学生所学知识、技能与社会现状相符。教材内容针对专业所覆盖职业岗位群所需知识和能力的要求，注意与职业技能鉴定标准相结合，力求反映本专业及相关课程所涉及的生产技术领域的新知识、新技术、新工艺、新方法，同时有利于学生创新能力的培养。

本教材编写分工如下：目的与任务、内容与学时安排、条件配备、说明、考核评价、实训1，实训2由魏岩执笔；实训3，实训4，实训5由黄华明和魏岩执笔；实训6，实训7，实训8由林锋执笔；实训9，实训10，实训15由耿晓东执笔；实训11，实训12，实训13，实训14由刘奎执笔。本教材由周兴元、王浩主审。

衷心感谢上海农林职业技术学院卓丽环院长对教材编写的全力支持以及辽宁林业职业技术学院刘丽馥、王卓识、陈丽媛等教师的无私帮助。

由于实训教材编写在内容和体例上尚在探索之中，编者也缺少经验，难免有不完善之处。敬请各院校在使用过程中提出宝贵意见，以臻逐步完善。

编　者
2008.12

目 录

前　言

Ⅰ. 目的与任务 …………………………………………………………………… (1)
Ⅱ. 内容与学时安排 ……………………………………………………………… (3)
Ⅲ. 条件配备 ……………………………………………………………………… (5)
Ⅳ. 考核评价 ……………………………………………………………………… (8)
Ⅴ. 说明 …………………………………………………………………………… (10)
Ⅵ. 实训项目 ……………………………………………………………………… (12)
　　实训 1　园林植物的播种繁殖 …………………………………………… (13)
　　实训 2　园林植物的扦插繁殖 …………………………………………… (26)
　　实训 3　园林植物嫁接繁殖 ……………………………………………… (34)
　　实训 4　大苗的培育 ……………………………………………………… (41)
　　实训 5　苗木出圃 ………………………………………………………… (46)
　　实训 6　一、二年生草花生产技术 ……………………………………… (50)
　　实训 7　切花生产技术 …………………………………………………… (57)
　　实训 8　盆花生产技术 …………………………………………………… (70)
　　实训 9　木本园林植物栽植 ……………………………………………… (77)
　　实训 10　木本园林植物养护管理（肥、水、病虫害） ………………… (82)
　　实训 11　草本花卉栽植管理 ……………………………………………… (88)
　　实训 12　草本花卉的养护管理（肥、水、病虫害） …………………… (93)
　　实训 13　草坪草栽植 ……………………………………………………… (96)
　　实训 14　草坪草的养护管理（肥、水、病虫害） ……………………… (99)
　　实训 15　园林植物造型技艺 ……………………………………………… (102)

参考文献 ………………………………………………………………………… (105)

Ⅰ. 目的与任务

Ⅰ. 目的与任务

综合实训是在学生完成本专业核心课程的理论学习和主要技能专项实训后，针对本专业对应工作岗位所需综合技能进行上岗前的系统培训。主要目的是培养本专业的关键技能、核心技能，强调针对岗位的各项技能的综合运用。在全真、仿真的教学环境中进行训练。

根据园林技术专业覆盖的职业岗位，园林植物栽培养护综合实训内容主要包括园林植物繁殖、花卉生产及园林植物应用三部分。相对应的工作岗位为园林苗圃、花卉生产公司及绿化施工单位，涵盖种苗工、花卉园艺师、草坪工、绿化工等工种内容。本实训的主要培养任务如下：

内容	对应的工作岗位	工　种	工作任务	关键能力	专业能力
园林植物繁殖	园林苗圃	林木种苗工 花卉园艺师	通过各种技术繁殖园林植物种苗	分析问题、解决问题的能力 团队合作能力 组织协调能力 创新与应变能力	能独立进行种苗生产。包括种子繁殖、扦插繁殖、嫁接繁殖、大苗培育、苗木出圃
花卉生产	花卉生产公司	花卉园艺师	通过各种技术生产商品花卉		能独立进行花卉生产。包括一、二年生草花生产、鲜切花生产、盆花生产
园林植物应用	绿化施工公司 绿化养护公司	草坪工 绿化工 花卉园艺师	通过各种技术完成园林绿地的种植施工与养护		能独立进行绿地的施工与养护。包括草坪的建植与养护管理、园林树木的种植与养护管理、园林花卉的种植与养护管理

Ⅱ. 内容与学时安排

Ⅱ. 内容与学时安排

内容与学时安排见下表：

学时分配表

编号	实训项目	学时(d)	类别	备注
1	园林植物播种繁殖	1.5	必选	
2	园林植物扦插繁殖	1	必选	
3	园林植物嫁接繁殖	1	必选	
4	大苗培育	1	参选	
5	苗木出圃	0.5	参选	
6	一、二年生草花生产	2	必选	一串红、金盏菊根据实际情况任选其一，瓜叶菊、彩叶草根据实际情况任选其一
7	切花生产	2	必选	百合、郁金香根据实际情况任选其一，菊花、月季根据实际情况任选其一
8	盆花生产	2	必选	一品红必选，蝴蝶兰、红掌根据实际情况任选其一
9	木本园林植物栽植	1	必选	
10	木本园林植物养护管理	1	必选	
11	草本花卉栽植	1	参选	
12	草本花卉养护管理	1	参选	
13	草坪草建植	1	必选	
	草坪草养护管理	1	必选	
14	园林植物造型技艺	1	必选	
15	技能考核	1	必选	
16	机动	1	参选	可根据教学基地生产、园林工程、科研项目的实际需要机动安排
	合　计	20		

III. 条件配备

按40名学生一个班型进行配备,每5人一个实训小组,共8个实训小组。

(一)师资条件

每个实训内容至少配有两名指导教师。其中一名教师应有本实训内容的实际工作经验且为双师型教师;另一名教师应有较丰富的理论教学经验。

(二)场地条件

露地播种:繁殖80m^2、容器播种繁殖80m^2、硬枝扦插繁殖80m^2、嫩枝扦插繁殖80m^2;

大苗培育:根据苗木大小确定面积,至少满足200株大苗的培育;

花卉生产:667m^2日光温室;

园林植物应用:400m^2(建立一个小园区进行规划设计,栽植草坪、树木、花卉)。

(三)设备与材料配置

1. 植物材料

播种繁殖用种子(根据品种确定)、扦插繁殖用插穗(根据品种确定)、嫁接繁殖用砧木至少200株、嫁接繁殖用种条、芽若干(保证足够的数量供练习用)、大苗培育移植用苗200株、大苗培育修剪用苗200株、一串红种子5g(万寿菊种子3g)、瓜叶菊种子3g(彩叶草种子2g)、百合种球2000(郁金香种球2400粒)、玫瑰种苗250株(菊花种苗2000株)、红掌种苗200株(蝴蝶兰种苗200株)、一品红种苗200株、草坪种子2kg。

2. 设施材料

遮阳网1000m^2、棚膜1000m^2、竹条100根、地膜1卷、草帘300m^2、保温被800m^2、支撑杆2000根、草绳若干、各种规格黑营养钵6000个、透明营养钵400个、双色塑料盆400个。

3. 基质与有机肥

草炭土20m^3、河沙20m^3、苔藓1包、腐熟牛粪10m^3、腐熟猪粪10m^3、饼肥100kg、珍珠岩20袋。

4. 化肥

磷酸二铵100kg、氮磷钾复合肥200kg、尿素100kg、硝酸钙100kg、硝酸钾100kg、硼砂10kg、磷酸二氢钾50kg、硫酸钾5kg、硫酸镁1kg、螯合铁、硫酸锰、硼酸钠、硫酸锌、硫酸铜、钼酸铵各20g。

5. 农药

百菌清5kg、扑海因2kg、五氯硝基苯10kg、多菌灵5kg、3%恶甲水剂20瓶、使百克20瓶、阿维菌素30瓶、甲基托布津5kg、福美双5kg、氧化乐果20瓶、敌敌畏20瓶、敌百虫20瓶、辛硫磷20瓶、敌杀死30瓶。

6. 工具

铁锹40把、镐20把、锄头40把、手锄40把、修枝剪20把、剪枝剪40把、劈接刀40把、芽接刀40把、花铲40把。

7. 设备

草坪修剪机 2 台、割灌机 1 台、喷雾器 10 台、旋耕机 1 台、喷灌系统 1 套、自动喷雾系统 2 套、补光系统 1 套、滴灌系统 1 套、卷帘系统 1 套、铁制苗床 150m²。

8. 相关资料

《园林植物栽培养护》教材,《花卉生产》教材,《草坪建植与养护》教材。

Ⅳ. 考核评价

实践技能考核满分为 100 分，分为关键能力养成考核及专业技能考核两部分。

（一）关键能力养成考核

关键能力考核占 20 分，教师根据学生各实训项目中平时表现按统一标准赋分。赋分标准如下：

关键能力养成评价表

内　容	标　准	赋分（分）	分　数
参加实训时间	缺少 2 学时扣 1 分	5	
承担实训工作量	态度积极，主动承担任务	7	
团结合作能力	与人合作，共同完成任务	5	
创新应变能力	根据实际情况提出合适的实际操作方案	3	
合　计		20	

（二）专业技能考核

专业技能考核分操作过程考核与操作结果考核两部分，共占 80 分。其中操作过程考核占 60 分，分组或单人进行，主要考查学生的操作是否符合技术标准，组内人员是否具备合作完成工作的能力。各项目过程考核标准参见各实训项目，按 100 分制给出分数后，进行算术平均，折合 60% 即为操作过程的最终分数。操作结果考核占 20 分。根据不同项目的实际考核结果评定分数，各项目按 100 分制给出分数后，进行算术平均，折合 20% 即为操作结果的最终分数。

专业技能考核方法如下表：

考核形式	考核评价	考核内容	组织形式	分数评定
过程考核	规定时间内完成操作过程	团结协作职业技能	分组或单独进行	100 分制占 60%
结果考核	根据产品成活率及规格标准	职业技能	单独进行	100 分制占 20%

注：最后各项内容分数之和即为实训成绩。

V. 说 明

1. 各项目考核标准,尤其结果考核标准仅为参考数值。各地可根据当地实际情况酌情变动。
2. 实训项目的品种选择依据当时生产的状况。各地也可根据当地的实际酌情调整。

Ⅵ. 实训项目

实训 1　园林植物的播种繁殖

一、实训目的

通过实训要求学生独立完成园林植物种子露地播种、容器播种繁殖的整个过程，并能独立解决实训过程中的技术问题。

二、实训工具与材料

(1) 工具：铁锹、锄头、镐、开沟器、喷壶、犁、碾子等。

(2) 材料：种子（法国梧桐种子、槐种子、栾树种子）、草帘、薄膜、播种容器、药品（福尔马林、硫酸亚铁、高锰酸钾）、复合肥、氮肥、药剂。

三、重点掌握的技能环节

（一）园林植物露地播种繁殖

1. 土壤整地

(1) 清理圃地：清除圃地上的树枝、杂草等杂物，填平起苗后的坑穴。

(2) 浅耕灭茬：浅耕深度一般为 5～10cm。

(3) 耕翻土壤：用拖拉机或锄、镐、锹耕翻一遍。耕地时可在地表施一层有机肥，随耕翻土壤进入耕作层。耕地多在春、秋两季进行。北方一般在秋季起苗后进行为最好。气候湿润、冬季降雪较厚或土壤黏重的圃地，秋耕后不必耙地；但在秋冬干旱地区，秋耕后要及时耙地保墒。在秋季或早春风蚀严重的地方，可进行春耕，耕翻后要及时耙地。春耕常在土壤解冻后立即进行，最迟应在播种前半个月进行；南方冬季土壤不冻结，可在冬季或早春耕作。在无灌溉条件的山地和干旱地区的苗圃，在雨季前耕地蓄水效果好。耕地的具体时间要根据土壤含水量来定，当土壤的含水量为饱和含水量 50%～60%（即手抓土成团，距地面 1m 高时自然落地土团摔碎）时最适耕地。气候干旱耕地宜深；砂土耕地宜浅；盐碱土整地宜深，耕地深度应达到 40～50cm 较好，秋耕宜深，春耕宜浅。播种苗区一般为 20～25cm，扦插苗区为 25～35cm。

(4) 耙地：在耕地后立即进行，但有时为了改良土壤和增加冬季积雪，也可以早春耙地。

(5) 镇压：主要适用于孔隙度大的土壤、盐碱地、早春风大地区及小粒种子育苗等。土壤黏重或土壤含水量较大时，一般不镇压。通常情况下，在作床、作垄后进行镇压，或在播种前镇压播种沟底，或播种后镇压覆土。使用机械进行土壤耕作时，镇压与耙地同时进行。

2. 作床或作垄

(1) 作床：应在播种前 1 周进行。作床前应先选定基线，量好床宽及步道宽，钉桩拉绳，作床要求床面平整。苗床宽 100～150cm，步道宽 30～40cm，长度不限，以方便管理为度。苗床走向以南北向为宜。在坡地应使苗床长边与等高线平行。苗床一般分为高床和低床两种形式（图 1-1）。

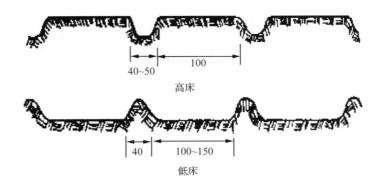

图1-1 苗床形式（单位：cm）

①高床 床面高出步道15~25cm，床面宽约为100cm，步道宽约40cm。高床一般用于降雨较多、低洼积水或土壤黏重的地区。

②低床 床面低于步道15~20cm，床面宽100~150cm，步道宽40cm。低床一般用于降雨较少、无积水的地区。

(2)垄作：垄高20~30cm，垄面宽20~45cm，垄距60~80cm，南北走向为宜。南方湿润地区宜用窄垄。作垄多采用机械进行。面积较小也可用犁杖。

(3)平作：整地后直接进行育苗。

3. 土壤消毒

此次工作也可在作床或作垄前进行，常用化学消毒药剂包括：

(1)福尔马林：用量为50mL/m²，稀释100~200倍后于播种前10~20d喷洒在苗床上，用塑料薄膜覆盖严密，播前1周掀开薄膜，并多次翻地，加强通风，待气味全部消失后播种。

(2)硫酸亚铁：晴天可配成2%~3%的溶液喷洒于播种床，用量为9g/m²；雨天用细干土配成2%~3%药土，每亩(667m²)用量15~20kg。亦可在播种前灌底水时溶于蓄水池中，或与基肥混拌使用。

(3)必速灭：将待消毒的土壤或基质整碎整平，撒上必速灭颗粒，用量为15g/m²，浇透水后覆盖薄膜。3~6d后揭膜，过3~10d即可，其间翻动2~3次。

4. 确定播种量

此项工作可在制定育苗计划时完成。播种前首先应确定播种量，播种量的计算公式为：

$$X = C \cdot \frac{A \cdot W}{P \cdot G \cdot 1000^2} \tag{1-1}$$

式中 X——单位面积(或单位长度)实际所需播种量(kg)；

A——单位面积(或单位长度)的产苗量；

W——千粒重种子的重量(kg)；

P——种子净度；

G——种子发芽势；

1000^2——常数；

C——损耗系数。

常用园林植物种子繁殖的播种量可参照表 1-1。

表 1-1　部分园林树木播种量与产苗量

树　种	100m² 播种量(kg)	100m² 产苗量(株)	参考播种方式
油　松	10～12.5	10 000～15 000	高床撒播或垄播
白皮松	17.5～20	8000～10 000	高床撒播或垄播
侧　柏	2.0～2.5	3000～5000	高垄或低床条播
圆　柏	2.5～3.0	3000～5000	低床条播
云　杉	2.0～3.0	15 000～20 000	高床撒播
银　杏	7.5	1500～2000	低床条播或点播
锦熟黄杨	4.0～5.0	5000～8000	低床撒播
小叶椴	5.0～10	1200～1500	高垄或低床条播
紫　椴	5.0～10	1200～1500	高垄或低床条播
榆叶梅	2.5～5.0	1200～1500	高垄或低床条播
槐	2.5～5.0	1200～1500	高垄条播
刺　槐	1.5～2.5	800～1000	高垄条播
合　欢	2.0～2.5	1000～1200	高垄条播
元宝枫	2.5～3.0	1200～1500	高垄条播
小叶白蜡	1.5～2.0	1200～1500	高垄条播
臭　椿	1.5～2.5	600～800	高垄条播
香　椿	0.5～1.0	1200～1500	高垄条播
茶条槭	1.5～2.0	1200～1500	高垄条播
皂　角	5.0～10	1500～2000	高垄条播
栾　树	5.0～7.5	1000～1200	高垄条播
青　桐	3.0～5.0	1200～1500	高垄条播
山　桃	10～12.5	1200～1500	高垄条播
山　杏	10～12.5	1200～1500	高垄条播
海　棠	1.5～2.0	1500～2000	高垄或低床两行条播
山定子	0.5～1.0	1500～2000	高垄或低床条播
贴梗海棠	1.5～2.0	1200～1500	高垄或低床条播
核　桃	20～25	1000～1200	高垄点播
卫　矛	1.5～2.5	1200～1500	高垄或低床条播
文冠果	5.0～7.5	1200～1500	高垄或低床条播
紫　藤	5.0～7.5	1200～1500	高垄或低床条播
紫　荆	2.0～3.0	1200～1500	高垄或低床条播
小叶女贞	2.5～3.0	1500～2000	高垄或低床条播
紫穗槐	1.0～2.0	1500～2000	平垄或高垄条播
丁　香	2.0～2.5	1500～2500	低床或高垄条播
连　翘	1.0～2.5	2500～3000	低床或高垄条播
锦带花	0.5～1.0	2500～3000	高床条播
日本绣线菊	0.5～1.0	2500～3000	高床条播
紫　薇	1.5～2.0	1500～2000	高垄或低床条播
杜　仲	2.0～2.5	1200～1500	高垄或低床条播
山　楂	20～25	1500～2000	高垄或低床条播
花　椒	4.0～5.0	1200～1500	高垄或低床条播
枫　杨	1.5～2.5	1200～1500	高垄条播

5. 种子消毒

此项工作也可在种子播种前进行。常用的化学消毒试剂包括：

（1）福尔马林：在播种前1~2d，用0.15%的福尔马林溶液浸种15~30min，取出后密闭2h，用清水冲洗后阴干播种。

（2）高锰酸钾：用0.5%的高锰酸钾溶液浸种2h或用浓度3%的溶液浸种30min，清水冲洗后阴干、播种。胚根已突破种皮的种子不宜使用此法。

（3）敌克松：用量为种子质量0.2%~0.5%的药粉加药量10~15倍的细土配成药土，然后用药土拌种。

6. 种子催芽

（1）水浸催芽：一般树种浸种水温为30~50℃，浸种时间约24h。部分园林植物种子的浸种水温和时间见表1-2。

表1-2　部分园林植物种子浸种水温及时间

树 种	浸种水温（℃）	浸种时间（h）
杨、柳、榆、梓、锦带花	5~20	12
悬铃木、桑树、臭椿、泡桐	30	24
赤松、油松、黑松、侧柏、杉木、仙客来、文竹	40~50	24~48
枫杨、苦楝、君迁子、元宝枫、槐、君子兰	60	24~72
刺槐、紫荆、合欢、皂荚、相思树、紫藤	70~90	24~48

浸种时，首先应根据种子特点确定水温，然后将5~10倍于种子体积的温水或热水倒入盛种容器中，不断搅拌，使种子均匀受热，自然冷却。浸种过程中，一般12~24h换水一次。若种子坚实可如此反复几次直至种皮吸胀。

部分园林植物种子浸种后可直接播种，但有些园林植物种子浸种后需要继续置于温暖处催芽。方法如下：捞出水浸后的种子，放在无釉泥盆中，用湿润的纱布覆盖，置于温暖处继续催芽，注意每天淋水或淘洗2~3次；或将浸种后的种子与3倍于种子体积的湿沙混合，覆盖保湿，置温暖处催芽。这两种方法催芽时应注意温度（25℃）、湿度和通气状况。当1/3种子"咧嘴露白"时即可播种。

（2）层积催芽：把种子与湿润的基质（沙子、泥炭、蛭石等）混合或分层放置，通过较长时间的冷湿处理，使其发芽。

层积催芽时，若种子干燥则应先水浸12~24h，排干后与其体积2~3倍的湿润基质混合，或分层堆放。基质可用沙子、泥炭、蛭石等，湿润程度以手捏成团，又不出水为度。基质中可以加入杀菌剂以保护种子。常用的盛种容器有箱子、瓦罐、玻璃瓶（有带孔的盖）等。种子可以露天埋藏，选择地势较高，排水良好之地挖坑，坑深在地下水位之上、冻层之下。坑宽1~1.5m，坑长随种子量而定，坑底架设木架或铺一层粗沙或石砾，将种沙混合物置于坑内，其上覆以砂土和秸秆等，坑的中央立一束秸秆以便空气流通。贮藏期间增加和减少坑上的覆盖物以控制坑内温度。种子也可堆藏，室内及室外都可进行。选平坦而干燥的空地，打扫干净，一层沙、一层种或将种沙混合物堆于空地，堆中放一束草把以便通气，堆至适当高度后覆以一层沙。若在室外要注意防雨；室内则要选非阳光不直射的或温度可调节之室。温度控制在0~10℃。层积期间种子应定期检查，如果基质干燥，需加湿。大多数种子需要1~4个月的低温湿藏。一些种子可能在贮藏末期开始发芽，这时应将种子移出，进行播种。

如果播种前1~2周种子尚未萌动,可将种子取出,置于温暖(一般15~25℃)处,上盖塑料薄膜催芽,待有部分种子"咧嘴"时再播种。常用园林树木种子层积催芽天数见表1-3。

表1-3　常用园林树木种子层积催芽天数　　　　　　　　　　　　d

树　种	催芽天数	树　种	催芽天数
银杏、栾树、毛白杨	100~120	山楂、山樱桃	200~240
白蜡、复叶槭、君迁子	20~90	圆柏	180~200
杜梨、女贞、榉树	50~60	椴树、水曲柳、红松	150~180
杜仲、元宝枫	40	山荆子、海棠、花椒	60~90
黑松、落叶松、湖北海棠	30~40	山桃、山杏	80

(3)变温催芽:在生产中,若急待播种而来不及层积催芽时,常可采用变温催芽的方法。将浸好的种子与2~3倍于种子体积的湿沙混拌均匀,装盘20~30cm厚,置于调温室内,保持在30~50℃进行高温处理,此时种、沙温度在20~30℃或以上。每隔6h翻倒一次,注意喷水保湿,约经过30天,有50%以上的种子胚芽变为淡黄色时,即可转入低温处理。低温处理时,种、沙温度控制在0~5℃,湿度在60%左右,每天翻动2~3次,经过10d左右,再移到室外背风向阳处进行日晒,注意每天翻倒、保湿,夜间用草帘覆盖。经5~6d,种胚由淡黄色变为黄绿色,大部分种子开始"咧嘴"时,即可播种。

对于某些园林花卉的种子,也可不进行处理,直接进行播种。

7. 确定播种时期(此项工作应在制定育苗计划时完成)

在南方地区,全年均可播种;在北方地区,播种时期受到限制。根据播种季节,将播种时期分为春播、秋播、夏播和冬播。

(1)春播:春季是主要的播种季节,在幼苗不受晚霜危害的前提下,越早越好。若采用塑料薄膜育苗或施用土壤增温剂,可以提早至土壤解冻后立即进行。

(2)秋播:适用于种皮坚硬的大粒种子和休眠期长、发芽困难的种子。一般在土壤结冻以前越晚播种越好。适合秋播的种类有板栗、山杏、油茶、文冠果、白蜡、红松、山桃,牡丹属、苹果属、杏属、蔷薇属等。

(3)夏播:主要适宜于春、夏成熟而又不宜贮藏的种子或生活力较差的种子。一般随采随播,如杨、柳、榆、桑等。

(4)冬播:在冬季气候温暖湿润、土壤不冻结、雨量较充沛的南方,可冬播。

8. 播种

播种前,应考虑土壤湿润状况,确定是否提前灌溉。

(1)播种:将种子按亩或苗床的用量等量分开,用手工或播种机进行播种。生产中,根据种粒的大小不同,采用不同的播种方法。大粒种子(树木千粒重>700g、花卉粒径>5mm)通常采用点播的方式。如板栗、核桃、银杏、香雪兰、唐菖蒲等。按一定株行距挖穴播种或按一定行距开沟,再按一定株距播种。一般行距为30cm以上,株距为10cm以上。点播时将种子侧放,尖端与地面平行。中小粒种子(树木千粒重为3~700g的种子为中粒种子,千粒重<3g为小粒种子;花卉粒径2~5mm为中粒种子、粒径<2mm者为小粒种子)主要采用条播的方式。如紫荆、合欢、槐、五角枫、刺槐等。按一定株行距开沟,然后将种子均匀地播撒在沟内。当前生产上多采用宽幅条播,条播幅宽10~15cm,行

距10～25cm。条播播种行一般采用南北向。小粒种子主要采用撒播的方式。如杨、柳、桑、泡桐、悬铃木等。将种子均匀地播撒在苗床上。为使播种均匀，可分数次播种，近地面操作；若种粒很小，可提前用细沙或细土与种子混合后再播。

（2）覆土：播种后应立即覆土。覆土深度为种子横径的1～3倍。极小粒种子覆土厚度以不见种子为度。一般苗圃地，土壤较疏松的可用床土覆盖，而土壤较黏重的，多用细沙土或者用腐殖质土、木屑、火烧土等覆盖。覆土要求均匀。

（3）镇压：播种覆土后应及时镇压。若土壤黏重或潮湿，不宜镇压。在播种小粒种子时，有时可先将床面镇压一下再播种、覆土。一般用平板压紧，也可用木质滚筒滚压。

（4）覆盖：镇压后，用草帘、薄膜等覆盖在床面上。覆盖厚度，以土面似见非见为度。

9. 出苗前的管理

从播种到出苗，通常草本类及夏播的树种一般需要1～2周的时间，春播的树种则需要3～5周至更长的时间。

（1）撤出覆盖物：在种子发芽时，应及时稀疏覆盖物；出苗较多时，将覆盖物移至行间；苗木出齐时，撤出覆盖物。若用塑料薄膜覆盖，当土壤温度达到28℃时，要掀开薄膜通风，幼苗出土后撤出。

（2）喷水：一般播种前应灌足底水。在不影响种子发芽的情况下，播种后应尽量不灌水。出苗前，如苗床干燥也应适当补水。常采用喷灌的方式。

（3）松土除草：田间播种，幼苗未出土时，如因灌溉使土壤板结，应及时松土；秋冬播种早春土壤刚化冻时应进行松土。松土不宜过深。可结合松土除去杂草。

10. 苗期管理

幼苗出土后至苗木生长旺盛期，加速生长直到生长下降时为止，一般为3～15周。

（1）遮荫：一般在撤除覆盖物后进行，常搭成一个高0.4～1.0m平顶或向南北向倾斜的荫棚，用竹帘、苇席、遮阳网等作遮荫材料。遮阳时间为晴天10:00～17:00，早晚要将遮阳材料揭开。每天的遮阳时间应随苗木的生长逐渐缩短，一般1～3个月，当苗木根茎部已经木质化时，应拆除荫棚。

（2）间苗与补苗：大部分阔叶树种，如槐、君迁子、刺槐、榆树、白蜡、臭椿等，可在幼苗出齐后，长出2片真叶时一次间完。大部分针叶树种，如落叶松、侧柏、水杉等，可结合除草分2～3次间苗。第一次间苗可在幼苗出土后10～20d进行，第二次在第一次间苗后的10d左右进行，最后一次为定苗。定苗留苗数应比计划产苗数量高5%～10%。间苗时间最好在雨后或土壤比较湿润时进行。间苗后应及时灌溉。补苗应结合间苗进行，要带土铲苗，植于稀疏空缺处，按实、浇水，并根据需要采取遮阳措施。

（3）截根：一般在生长初期末进行，截根深度8～15cm。有些树种在催芽后即可截去部分胚根，然后播种。

（4）幼苗移栽：最好在灌溉后1～2d的阴天进行。移栽时间因树种而异，落叶松以芽苗移栽成活率最高，阔叶树种在幼苗长出1～2片真叶时移栽为宜。移栽时要注意株行距一致，根系伸展，及时灌水。幼苗移栽后需立即进行管理，根据不同情况，采取遮荫、喷水（雾）等保护措施，等幼苗完全恢复生长后及时进行叶面追肥和根系追肥。

（5）松土除草：松土常在灌溉或雨后1～2d进行。但当土壤板结，天气干旱，水源不足时，即使不需除草，也要松土。一般苗木生长前半期每10～15d一次，深度2～4cm；后半期每15～30d一次，深度8～10cm。

（6）灌溉：要及时、适量。应"小水勤灌"，始终保持土壤湿润。随着幼苗生长，逐渐延长两次灌溉间隔时间，增加每次灌水量。灌溉一般在早晨和傍晚进行。灌溉方法较多，高床主要采用侧方灌溉，平床进行漫灌。有条件的应积极提倡使用喷灌和滴灌。

（7）排水：雨季或暴雨来临之前要保证排水沟渠畅通，雨后要及时清沟培土，平整苗床。

（8）施肥：播种苗生长初期需氮、磷较多；速生期需大量氮；生长后期应以钾为主，磷为辅，减少氮肥。追肥后要及时浇水。第一次施肥宜在幼苗出土后一个月，每隔一个月左右追施一次，每次施肥数量要少；速生期期间，追肥以氮肥为主，每隔1～1.5个月追施一次，数量可适当多一些；生长后期，即8月中下旬最后追施一次以钾为主、磷为辅的肥料，以利苗木在越冬前能充分木质化。

撒播育苗时，可将肥料均匀撒在床面再覆土，或把肥料溶于水后浇于苗床。条播育苗，一般进行沟施，在苗行间开沟，深5～10cm，施入肥料，覆土浇水。根外追施是将速效肥料溶于水后，直接喷洒在叶面上，常用于补充磷、钾肥和微量元素。根外追肥的浓度要严格控制在2%以下，如尿素浓度为0.1%～0.2%，过磷酸钙为1%～2%，硫酸铜为0.1%～0.5%，硼酸为0.1%～0.15%。根外追肥常用高压喷雾器，叶片的两面都要喷上肥料（尤其是叶背），通常在晴天的傍晚或阴天进行。如喷后遇雨，则需补喷一次。

（9）病虫害防治：要做好种子、土壤、肥料、工具和覆盖物的消毒工作，加强苗木田间养护管理，清除杂草、杂物。

①苗木主要病害及其防治

苗木立枯病　幼苗出土后，可每隔7～10d喷一次等量式波尔多液，共喷2～3次，进行预防。当病害发生后，应拔除病苗，并用2%的硫酸亚铁溶液喷洒，每667m^2用量100～150kg，喷药0.5h后再用清水喷洗掉叶面上的药液，免遭药害，共喷药2～3次。

苗木根癌病　土壤可用硫磺粉或漂白粉消毒，用药量为50～100g/m^2；切除病瘤，伤口用石灰乳或波尔多液涂抹，或用0.1%的升汞液浸10min，进行消毒。

白粉病　冬季清除感病落叶和感病枝梢，集中烧毁，消灭越冬病菌；发病初期喷波美0.3°的石硫合剂或25%三唑酮可湿性粉剂1500～2000倍液，每半月一次，2～3次。

锈病　自发病初期，每隔10～15d喷洒一次波美0.3°～0.5°的石硫合剂、1%石灰倍量式波尔多液和250倍的敌锈钠溶液。

②苗木主要害虫及防治

金龟子

防治成虫：可利用其假死性振落捕杀；利用其趋光性设黑光灯诱杀；利用糖醋液诱杀。糖醋液的配制为糖6份、醋3份、白酒1份、水10份、90%晶体敌百虫1份配制而成。将诱杀液装入容器中，每天傍晚设置，下雨时要加盖。

防治幼虫：可深耕细耕、中耕除草，破坏蛴螬适生的环境。用氨水作基肥，5月上中旬用大水浇灌等措施消灭幼虫。

化学防治：整地时667m^2施1.5%乐果粉剂0.5～1kg；用农药拌种，每50kg种子用40%氧化乐果乳油14～20倍液喷洒，堆闷5～10h；苗期喷药，可用25%辛硫磷乳油或者90%敌百虫原液等加水稀释1000倍，浇灌苗根。在苗木上喷洒40%氧化乐果乳油，或90%

敌百虫800倍液,或50%久效磷1000倍液,或80%敌敌畏1000~1500倍液。

地老虎

诱杀成虫:在成虫盛发期用黑光灯或糖醋液诱杀。糖醋液配制:糖、醋各3份、酒1份、80%可溶性敌百虫1份、水5份。傍晚把糖醋液放在苗圃里,离地面1m高,第二天早晨收回。

诱杀幼虫:在苗圃地里每隔一定距离放一张鲜泡桐叶子,667m^2放60~80张,第二天将诱到的叶下幼虫杀死;或在幼芽出土前将新鲜杂草50kg,拌合90%敌百虫0.5kg,加水2.5~5kg,6~7m放一堆,诱杀幼虫。

人工捕杀:春播幼苗出土前将杂草铲净,消灭越冬代成虫产的卵;每天早晨检查,在被害幼苗附近挖土捕杀幼虫。

化学防治:4~5月在苗床上每隔1周喷1次50%敌敌畏1000倍液;也可用90%敌百虫或75%辛硫磷乳油1000倍液或40%氧化乐果乳油300倍液喷施幼苗防治2~3龄幼虫。

蝼蛄

毒饵诱杀:将麦麸、谷糠等煮半熟或炒香,每50kg加40%氧化乐果乳油0.5kg或90%敌百虫加5kg水调匀制成毒饵,傍晚撒在苗床上,每667m^2用量为1.5~2.5kg。

黑光灯诱杀:选择成虫盛发期,晴朗无风闷热天气诱杀成虫。

马粪鲜草诱杀:在苗圃步道间每隔一定距离挖一长宽各30cm,深20cm的土坑,傍晚将马粪或撒上水的鲜草放入坑中,第二天早晨捕杀坑中诱集的蝼蛄。

毒土药杀:整地作床时,每667 m^2 用0.25~0.5kg 50%辛硫磷,稀释20~30倍均匀喷洒在25~50kg细土上做成毒土,然后翻入表土层。

药剂拌种:可在播前每50kg种子用75%辛硫磷150~200g进行拌种。

象鼻虫

春季整地时,每667m^2用0.25~0.5kg 50%辛硫磷稀释20~30倍均匀喷洒在25~50kg细土上做成毒土,然后撒入表土层药杀幼虫。

在成虫盛发期,用90%敌百虫或40%乐果乳油1000倍喷雾。

在被害苗附近的土块下落叶中捕杀成虫。

11. 生长后期管理

生长后期指速生期结束到休眠落叶时止。主要技术措施有停止施肥灌水,控制幼苗生长,促进苗木木质化。北方还应采取各种防寒措施保护幼苗,对苗木实施培土、覆盖、薰烟、灌冻水、设风障等措施进行防寒。

播种繁殖实例

1. 法国梧桐播种繁殖

(1)播种时间:北京平原地区可在春季土壤解冻后的3月下旬至4月上旬进行。

(2)土壤准备:在播种前深翻土地30cm,清除杂草、树根及其他杂物,灌足底水,增施基肥与河沙(每667m^2施腐熟牛、羊混合圈肥300~500kg,河沙数量视土质而定)。

(3)作垄及做床:梧桐应采用高床育苗、宽垄育苗或容器育苗,尤其是在容易引起土壤板结的壤土及黏土上。在砂壤土中可以采用低床或平床育苗。

① 作高床 规格为长×宽×高=(1000~1500)cm×(100~120)cm×(20~25)cm,床间距30~40cm。

②作宽垄　规格为长×宽×高=(1000~1500)cm×(40~45)cm×30cm，垄间距30cm。

(4)土壤消毒及杂草预防：播种前3~5d，选择晴朗的天气，用5%的多菌灵喷洒床面或垄面，进行土壤消毒。然后喷洒1/400的氟乐灵，以阻止单子叶杂草种子萌发，减少杂草滋生。

(5)种子处理：把梧桐种子浸泡在5%的多菌灵溶液中24~36h，然后捞出，与经过消毒过筛的湿河沙混合，混合比例为种子∶河沙=1∶3。选择地势高燥、背风向阳、地下水位低于1.5m处，挖一四壁垂直的催芽坑，坑的大小依种子的数量而定。在催芽坑的最底部填5cm厚的河沙，然后放置通气秆(用4~6根玉米秆捆绑而成)，再把种子与河沙的混合物放置其中，上面覆盖5cm厚的河沙，最后覆盖5cm厚的黄土。一般情况下，北京平原地区30~40d后种子即可裂口发芽。播种前，用清凉水浸种24h，中间换水一次。将种子捞出，放在避风阳光条件下高温高湿处理，温度保持30℃左右，1~2d可见大量种子吐白发芽，立即播种。

(6)播种：时间以春季为宜，当日平均温度在15℃左右即可播种。

① 垄播　在垄的两侧开宽深各5cm的播种沟。播种时做到播种均匀，覆土厚为3~5cm，播种量为每667m²15kg，行距为20cm，然后用镇压机镇压或踩实。最后灌透水一次。

② 高床播种　在做好的高床上均匀播种，种子间距3~5cm，覆土厚度为3cm，镇压、喷雾、灌透水即可。

(7)播后管理：播种后，立即小水侧方灌溉。灌水深度，以浸润垅面为宜。每天早、晚要各喷水1次。一般播后5~7d开始出苗，半月内为集中出苗期。在播种后45d内，除播后沟灌外，每隔7d左右沟灌1次，并坚持每天早、晚给垅面各喷水1次。追肥从6月中旬开始。第一次追肥可顺苗垄两侧坡底开沟，追施的肥料以腐熟好的厩肥为主，每667m²厩肥用量不少于150kg。另加速效化肥1.5kg，其中磷酸二铵1kg，尿素0.5kg。以后随苗木生长，每667m²分4次追施磷酸二铵7kg，尿素3kg。每次追肥后立即灌水。从第一次追肥到8月底共灌水6~7次。在苗木生长旺期，还可采用根外追肥，叶面喷施磷酸二氢钾和喷施宝3~5次。为增强苗木木质化强度，入秋前停水。10~11月视苗圃地墒情，小水沟灌1~2次，11月底之前满灌越冬水。冬季寒冷、春季多晚霜地区，1~2年生苗木易受冻害，入冬前应埋土防冻，次年开春移栽，3~4年即可培育绿化用的合格大苗。

2. 槐播种

(1)土壤准备：早春整地前浇水造墒，每667m²施优质基肥2500kg、复合肥50kg。整平后，喷乙草胺除草剂，覆盖90cm宽的地膜，以待播种。

(2)种子准备：3月上旬用80℃的水浸种，自然冷却24h。将膨胀种子取出；对未膨胀的种子再用90~100℃的水浸种，处理方法同上。一般经3~4次处理，每次增温10℃左右，绝大部分种子都能膨胀。将膨胀种子分次随捡随种。

(3)播种：3月下旬~4月上旬，采用穴播或条播。穴播用地膜打穴器，打穴深2~3cm，株距20cm，行距50cm左右；将膨胀种子点入穴内，每穴两粒，覆土厚度2cm。覆盖地膜。条播行距35cm，播幅宽10cm，深2~3cm，覆土厚度1.5~2cm；每667m²播种量12.5~15kg，播后覆土压实，喷洒土面增温剂或覆盖草帘保持土壤湿润。

(4)苗期管理：7~10d幼苗出土，4~5月，幼苗出齐后，苗高5~8cm时间苗，苗高10~15cm(长出6~10片羽状真叶)时，用断根铲截断直根，断根深度距地表12~13cm为宜，断根后及时浇小水一次，促进侧根生长。之后遇旱要浇水，雨季遇涝及时排水，6~8月追施两次速效化肥，及时中耕锄草。

幼苗期合理密植，防止树干弯曲。一般每米长留苗6~8株，一年生苗高达1m以上。

也可早春集中使用营养钵育苗，后移植定苗。槐萌芽力较强，若培养大苗形成良好的干形，可在次年早春截干，加大株行距。当年苗可高达3~4m，树干通直，粗壮光滑。

（5）病虫害防治：槐幼苗病虫害前期以蚜虫为主，喷10%吡虫啉1500倍液进行防治；后期以食叶性害虫为主，如棉蛉虫、黏虫、菜青虫等，可喷氯氰酯2000倍液或棉虫净1000倍液进行防治。

（二）容器播种

1. 容器苗苗床制作

苗床分为高床、低床和半高床。床面宽1.0~1.2m，高（深）15~30cm，长度根据需要而定。要整平田面，夯实，留有一定坡度以利排除积水，同时在最低处留有排水口。苗床底部可铺一层塑料薄膜，再铺上一层2cm厚的粗沙。如土壤较黏重，夯实后不需再铺薄膜。苗床四周可用当地材料如石块、木头等做一个10~15cm高的围栏。

2. 选择容器

根据种子特性和当地实际状况选择容器类型（表1-4）。

表1-4 容器类型

种类	材料	规格高(cm)×直径(cm)	价格(元/个)	形状	适用范围
塑料袋	塑料薄膜，厚0.005~0.02mm	(8~15)×(6~7.5)	0.003~0.005	圆柱形，底部有8~12个通气孔	1年生以下针、阔叶树。移栽时要把容器破除
塑料薄膜筒	塑料薄膜0.005~0.02mm	(8~10)×15	0.002	无底圆筒形	苗龄不大于3个月的幼苗
纸筒	报纸	(8~10)×5	0.0007	无底圆筒形	苗龄不大于3个月的幼苗
营养砖	腐殖质塘泥、火烧土，或经消毒的耕层土，加适量锯末、谷壳等，加水调成泥浆，像烧砖一样压模制成	8×8×15和10×10×20	0.02	方形或长方形，上有2~5cm深的播种孔若干	土壤条件较差，但是需要直播时
营养钵	腐殖质塘泥、黄黏土或腐黏土加适量有机肥和无机磷肥等	(3~5)×(4~6)×(6~7)	0.005~0.01	圆台形，上有1~2个播种孔	各种苗木
蜂窝杯	纸制添加人造纤维和化学药剂，内衬薄膜	每叠50~1500个杯，单杯(10~14)×(3~5)	0.5~8.0元/叠	无底蜂窝形	1年生苗木

3. 配制营养土

根据营养土配方按比例配制营养土。

配方一　腐殖质土(未经耕种的山土、泥炭沼泽土)为50%～60%。细沙土(蛭石、珍珠岩)为20%～25%。腐熟的堆肥为20%～25%。

配方二　1份泥炭；2份砻糠灰。或1份腐叶土；1份园土,再加少量厩肥和沙子。

配方三　2份壤土加1份碎泥炭藓加1份净细沙,每立方米上述混合土中加入117g过磷酸钙和58g石灰石粉。

配方四　泥炭、细沙各一份。

配方五　森林土95.50%,过磷酸钙3%,硫酸钾1%,硫酸亚铁0.50%。

配方六　砂土65%,腐熟马羊粪35%。

配方七　表土60%,羊粪30%,过磷酸钙8%,硫酸亚铁2%。

配方一～四适合园林花木的培育。配方五～七适合于针叶树的培育。

配制好的营养土再放置4～5d,使土肥进一步腐熟。

之后进行土壤消毒,常用的化学药剂消毒方法为：每立方米基质用400～500mL甲醛50～100倍液,均匀撒拌,用塑料薄膜覆盖2～4h,然后摊开,经3～4d后使用。或每立方米基质中加入30L3%的硫酸亚铁溶液,均匀撒拌。物理方法有：将带孔铁管埋入土中30cm,通入蒸汽,一般保持60～80℃,20～40min可杀死绝大部分细菌、真菌、线虫、昆虫以及大部分杂草种子。对于少量的基质或土壤,可以放入蒸锅内蒸2h进行消毒,或放在铁板、铁锅内,用火烧烤；在柴草方便的地方,可用柴草在苗床上堆烧。

而后按比例放入复合肥或氮、磷肥。

4. 容器填土和摆放

用填土工具将基质装入容器中。填满后从侧面敲打容器2～3下使虚土下沉。喷水,使土壤水分达到饱和,并使土面低于容器口0.5～1cm。容器放入低床后要略低于步道,排放整齐。容器之间的空隙要用细砂土填实,苗床四周用土将容器挤实。

5. 种子的催芽、消毒处理

与露地播种相同。

6. 播种

喷水,使土壤达到饱和,水分下渗后即可播种。采用点播的方式,每个播种容器播1～3粒种子。覆土厚度一般不超过种子直径的2倍。有条件时,播种后在土表再撒一层细沙或筛过的土,小粒种子覆土厚度为0.1～0.2cm,大粒种子为0.3～0.5cm。

7. 播种后的管理

与露地播种基本相同。

出苗前需要覆盖,出苗后及时撤除覆盖物并浇水、追肥、松土除草、间苗等。

(1)浇水：喷灌是容器育苗中的重要措施。在出苗前喷水,水流不能太急,以免将种子冲出。

(2)追肥：一般与浇水同时进行。常用含有一定比例氮、磷、钾的复合肥料,以1:200的浓度配成水溶液,而后进行喷施。每隔1个月左右追肥一次,但每次用量要少。最后一次在8月中下旬,之后停止追肥,以利于苗木木质化。

(3)松土除草和病虫害防治：与露地播种相同。

(4)间苗和补苗:一般在出苗后 20d 左右,小苗发出 2~4 片叶子时间苗和补苗。每个容器内保留 1 株健壮苗,其余幼苗要拔除。对缺株容器及时补苗。间苗和补苗前先要浇水,等水渗干后再间苗。补苗后一定要再浇一遍水,但不要太多。

容器播种实例(梧桐容器播种)

(1)种子处理:与露地播种相同。

(2)容器:选用高 10cm,直径 5 cm 的黑色软质塑料容器。

(3)基质:选用蛭石、腐殖土、草炭、珍珠岩、腐熟锯末、煤粉、黄土等基质,按照黄土 50% + 腐殖土 30% + 草炭 20%(或珍珠岩、腐熟锯末、煤粉)的比例混匀备用。把配制好的培养土用 400~600 倍液的代森锰锌(或甲基托布津、多菌灵等)喷洒湿润,上盖塑料布,封闭消毒 3~5d,再把经过消毒的培养土装入容器中。

(4)播种:用一直径为 1cm 的木棍打孔,孔深 2~3cm。把经过催芽的梧桐种子放入其中。每个容器播种 2 粒,覆土 2cm,喷透水即可。

(5)播种后的管理:与露地相同。

四、实训质量要求及考核标准

(一)实训质量要求

实训内容应与生产密切结合,并且对应当地的生产季节。每项内容都要求学生能独立操作,并能与组内同学分工合作。

(二)实训考核标准

1. 露地播种考核标准

(1)结果考核:以组为单位,采用条播、点播两种播种方式进行播种,每组一床,通过考察成活率确定成绩。标准为:

条播   出苗率达到 80% 为满分;每降低 5 个百分点成绩降低 10 分。

点播   出苗率达到 85% 为满分;每降低 5 个百分点成绩降低 10 分。

(2)过程考核:通过实际操作,检验各项目的具体操作过程是否正确。

其标准是以组为单位,在规定的时间内,按老师给定种子的性质确定播种方式,并完成播种工作(表 1-5)。

表 1-5　露地播种考核标准

序号	内容	标准	分值(分)	得分
1	整地	整地、浅耕灭茬、翻地、耙地、作床方法正确	30	
2	播种	选定播种方法正确	20	
3	覆土	厚度适宜	20	
4	镇压	方法正确	10	
5	时间	在 30min 内做 4m 长、1m 宽的苗床。各项工作均按时完成	10	
6	合作	分工明确,合作协调	10	

2. 容器播种考核标准

(1)结果考核：采用容器播种方式进行播种，每组一床，通过考察成活率确定成绩。标准为出苗率达到90%为满分；每降低5个百分点成绩降低10分。

(2)过程考核：通过实际操作，检验各项内容的具体操作过程是否正确。

标准：以组为单位，在规定时间内，完成容器播种各项工作内容，并根据老师给定的种子性质正确完成容器播种过程(表1-6)。

表1-6 容器播种考核标准

序号	内容	标准	分值(分)	得分
1	作床	正确	10	
2	营养土配制	配方合适、经济、操作得当	30	
3	播种	播种方法正确	20	
4	覆土	厚度适宜	20	
5	时间	在30min内做2m长、1m宽的苗床；各项工作均按时完成	10	
6	合作	分工明确、合作协调	10	

实训 2　园林植物的扦插繁殖

一、实训目的

通过实训要求学生熟练掌握园林植物硬枝扦插、嫩枝扦插繁殖各技术环节，并能独立解决实训过程中遇到的技术问题。

二、实训工具与材料

（1）工具：铁锹、锄头、镐、喷壶、犁、碾子等。

（2）材料：插条（杨树插条、银杏插条、圆柏插条或当地应用较多的园林植物的插条），材料[遮阳网、薄膜、嫩枝扦插容器、基质（沙子、蛭石、珍珠岩等）]、药品（生根粉、复合肥、药剂等）。

三、重点掌握的技能环节

（一）园林植物硬枝扦插

1. 土壤的准备

硬枝扦插可直接扦插到土壤中，土壤的准备与播种的土壤准备相同。耕作方式常采用垄作或低床扦插。对于插穗生根比较困难的植物，可在沙床或温床上密集扦插，基质的准备与嫩枝扦插相同。插穗生根后移栽到大田苗床或容器中；在苗床上扦插，一般株距为 20～30cm，行距为 30～60cm。

2. 插穗的采集

乔木树种，应选生长迅速、干形通直圆满、没有病虫害的优良品种的植株作采穗母本；花灌木则要求色彩丰富、花大色艳、香味浓郁、观赏期长的植株作采穗母本；绿篱植物要求分枝力强、耐修剪、易更新的种类作采穗母本；草本植物则根据花色、花形、叶形、植株形态等选择采穗母本。

插穗采集时间应在秋季落叶以后至萌芽前，采集充分木质化的枝条作插穗。插穗应从生长健壮、没有病虫害、具有优良性状、发育阶段较年轻的幼龄植株上采集，从其树冠外围中下部（最好是主干或根颈处的萌条）采集 1～2 年生、芽体饱满的枝条作插穗。

3. 插穗的剪制

至少应保证插穗上有 2～3 个发育充实的芽。上剪口应位于芽上 1cm 左右（最低不能低于 0.5cm），为平面；下剪口应位于芽的基部、萌芽环节处，带部分老枝，以近节处约 1cm 最佳。易生根的植物插穗下剪口为平面，大多数难生根植物插穗下剪口可为斜面（单斜面或双斜面）；剪口要平滑，防止撕裂。插穗保护好芽，尤其是上芽。具体剪制方法如图 2-1 所示。

4. 插穗贮藏

秋冬季节采集的需在春季扦插的插穗，应进行贮藏。插穗剪制后，要将其按直径粗细分

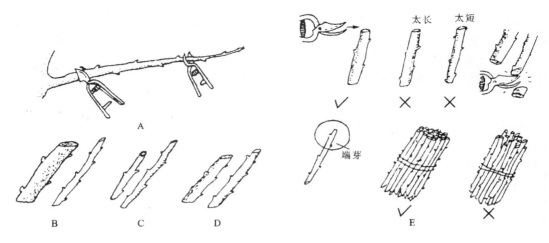

图 2-1 插穗剪制示意图
A. 枝条中下部分作插穗最好　B. 粗枝稍短，细梢稍长
C. 易生根植物稍短　D. 黏土地稍短，砂土地稍长　E. 保护好上端芽

级。分级后，每 50 根或 100 根捆扎成一捆（图 2-1），并使插穗的方向保持一致，下剪口一定要对齐。

选择地势高燥、背风阴凉处开沟，沟深 50~100cm，沟长依地形和插穗多少而定。沟底先铺约 10cm 厚的湿沙，再将成捆的插穗的小头（生物学上端）向下，竖立排放于沟内，排放要整齐、紧密，防止倒伏，隔沙单层放置。然后用干沙填充插穗之间的空隙，喷水，保证每一根插穗周围都有湿润的河沙，以插穗距沟沿 20cm 为止。如果插穗较多，每隔 1~1.5m 竖一束草靶，以利通气。最后用湿沙封沟，当与地面平口时，覆土 20cm，拢成馒头状。贮藏期间要经常检查，并调节沟内温度、湿度。贮藏应在土壤冻结前进行，翌春扦插前取出插穗。

5. 生根处理、消毒处理
（1）消毒处理：可用多菌灵或百菌清 1000 倍液浸泡插条。
（2）生根处理
①植物激素处理　常用植物激素的处理方法见表 2-1。

表 2-1　常用的植物激素及用途

名　称	英文缩写	用　途
ABT 生根粉	ABT 1 号	主要用于难生根树种，促进插穗生根。如银杏、松树、柏树、落叶松、榆树、枣、梨、杏、山楂、苹果等
	ABT 2 号	主要用于扦插生根不太困难的树种。如香椿、花椒、刺槐、白蜡、紫穗槐、杨、柳等
	ABT 3 号	主要用于苗木移栽时，苗木伤根后的愈合，提高移栽成活率；用于播种育苗，能提早生长、出全苗，而且能有效地促进难发芽种子的萌发
	ABT 4 号	广泛用于扦插育苗、播种育苗、造林等；在农业上广泛用于农作物、蔬菜、牧草及经济作物等
	ABT 5 号	主要用于扦插育苗、造林及农作物和经济作物的块根、块茎植物
萘乙酸	NAA	刺激插穗生根，促进种子萌发，提高幼苗移植成活率等。用于嫁接时，用 50mg／L 的药液速蘸切削面较好
2,4-D	2,4-D	用于插穗和幼苗生根
吲哚乙酸	IAA	促进细胞扩大，增强新陈代谢和光合作用；用于硬枝扦插，用 1000~1500mg／L 溶液速浸 10~15s
吲哚丁酸	IBA	主要用于促进形成层细胞分裂和促进生根；用于硬枝扦插时，用 1000~1500mg／L 溶液速浸 10~15s

使用前需将激素用少量的酒精或70℃热水溶解,然后加水制成处理溶液,装在干净的容器内,再将捆扎成捆的插穗的下切口浸泡在溶液中至规定的时间,浸泡深度为2cm左右。可低浓度(20~200mg/L)、长时间(6~24h)浸泡;也可高浓度(500~2000mg/L)、短时间(2~10s)速蘸。草本植物所需浓度可更低些,一般为5~10mg/L,浸泡2~24h。或将1g生长激素与1000g滑石粉混合均匀制成粉剂,将插穗下切口浸湿2cm,蘸上配好的粉剂即插,一般1gABT生根粉能处理插穗4000~6000根。扦插时注意不要擦掉粉剂。

②温水浸泡 用温水(30~35℃)浸泡插穗基部数小时或更长时间。

6. 确定扦插时间

此项工作应在制定扦插育苗计划时完成。扦插以春季扦插为主。春季扦插宜早,在萌芽前进行,北方地区可在土壤化冻后及时进行。秋季扦插在落叶后、土壤封冻前进行,扦插应深一些,并保持土壤湿润。冬季扦插需要在大棚或温室内进行,并注意保持扦插基质的温度。

7. 扦插

在土壤疏松、插穗已进行催根处理的情况下,可以直接将插穗插入苗床。扦插深度北方一般为插穗上切口与土面齐平或上芽与土面齐平;南方一般插入插穗长度的2/3左右。在土壤黏重、插穗已经产生愈伤组织或已经长出不定根时,要先用钢锹开缝或用木棒开孔,然后插入插穗。对于较细或已生根的插穗,先在苗床上按行距开沟,沟深10cm、宽15cm,然后在沟内浅插、填平踏实,最后封土成垄。

对于插穗生根比较困难的植物,可在沙床或温床上密集扦插。一般株距为20~30cm,行距为30~60cm。插穗生根后移栽到大田苗床或容器里。对于插穗生根容易的植物,直接插到大田苗床或容器里。扦插可以用直插。短插穗、生根较易、土壤疏松的应直插;也可以用斜插。长插穗、生根困难、土壤干旱可斜插,斜插的倾斜角度不超过60°。

扦插后及时压实、灌水,并保持苗床的湿润。北方地区,扦插后可覆盖黑色塑料薄膜。

8. 扦插后的管理

(1)浇水:在扦插后立即灌足第一次水。若未生根之前地上部已展叶,应摘去部分叶片。为促进生根,可以采取地膜覆盖、灌水、遮阳、喷雾、覆土等措施保持基质和空气的湿度。扦插基质的含水量应保持在60%左右,相对湿度保持在80%~90%。要及时补充必要的水分,维持半月左右。愈伤组织形成后,浇水量逐渐减少,以利生根。

(2)除蘖或摘心:培育主干的园林植物苗木,当新萌芽苗高长到15~30cm时,应选留一个生长健壮、直立的新梢,将其余萌芽条除掉。对于培育无主干的植物苗木,应选留3~5个萌芽条,除掉多余的萌芽条;如果萌芽条较少,在苗高30cm左右时,应采取摘心的措施,以增加苗木枝条量,达到不同的育苗要求。

(3)温度管理:园林植物的最适生根温度一般为15~25℃,要求基质温度比气温高3~5℃。早春地温较低,需要通过覆盖塑料薄膜或铺设地热线等措施增温催根。夏秋季节地温高,气温更高,需要通过喷水、遮荫等措施进行降温。在大棚内喷雾可降温5~7℃,在露天扦插床喷雾可降温8~10℃。采用遮荫降温时,一般要求遮蔽物的透光率在50%~60%。

(4)日常田间管理:在扦插苗生根发芽成活后,需要进行施肥,将速效肥稀释后随浇水施入苗床。配合松土进行除草。加强病虫害防治,冬季寒冷地区还要采取越冬防寒措施。具体措施与播种育苗管理基本相同。

(5)移植:扦插成活后,为保证幼苗正常生长,应及时起苗移栽。生长较快的种类在当年休眠后移植；生长较慢的常绿针叶类，可培养 2 ~ 3 年后移植。

园林植物硬枝扦插实例

1. 悬铃木硬枝扦插

(1) 土壤准备：选择圃地时应选择灌排方便、土壤肥沃、土质疏松的地块。扦插前要细致整地。

(2) 插穗采集：选择生长旺盛、芽眼饱满、无病虫害的一年生苗或一年生萌蘖条作种条。

(3) 剪穗：剪穗时间宜在 12 月初左右。插穗长度在 20cm 左右，在剪穗段芽眼顶端保留 2cm 左右营养段，并注意剪口平滑。

(4) 插穗贮藏：时间为 2 个月左右。方法是将剪好的种条按上下、粗细的顺序过数均匀打捆，采用挖窖沙藏法贮藏，挖窖深度 50 ~ 70cm。贮藏时应颠倒种条极性，使之根基部朝上，以便达到种条基部形成不定根，控制发芽的目的。

(5) 扦插：直接进行扦插。扦插后灌水。首次灌水一定要灌足，再根据湿度状况（圃地能踏进）进行地膜覆盖。

(6) 扦插后管理：在芽顶土后先捅破薄膜，待芽形成叶后，再破膜露苗。应及时灌水，始终保持圃地湿润。树苗成活后，初期宜采用叶面追肥，并注意防治病虫害；中、后期去掉薄膜，中耕松土，清除杂草，追加肥料。

2. 杨树硬枝扦插

(1) 土壤准备：育苗地要选肥沃、湿润、排水良好的土壤。扦插前，圃地一定要整平、整细。

(2) 插穗采集：取生长健壮、腋芽饱满、侧枝少、粗度适中且无病虫害的一年生扦插苗或一年生萌条。

(3) 插穗贮藏：可整条贮藏，即入冬结冻之前，在苗圃地（有条件的最好在背风背阴处）挖成宽 1.5 ~ 2m，长度依条材高度而定，深 0.8m 的坑，底层铺 10cm 厚的湿沙（湿度以手攥成团一触即散为宜），每 10 ~ 20cm 厚条材为一层，上铺 10cm 厚湿沙（尽量让沙子渗透到枝条缝隙里），每层铺上湿沙后要喷透水，最上面一层铺上 30cm 湿沙，湿沙上面再盖一层草帘子。也可在入冬结冻之前，在苗圃较阴凉背风处，挖成 1.5 ~ 2m 宽，长度按条材高度而定，深 30 ~ 50cm 的坑，然后用比较潮湿的土壤埋藏。或者剪成插穗再贮藏。插穗每段长 12 ~ 15cm，顶口剪平，顶端距芽尖 1cm，底口剪成斜面或平形，每个穗要保留 2 ~ 3 个健康芽，每 50 个穗捆成一捆。捆穗前要将插穗分为三级，即将条材的基部、中部、梢部分别捆在一起。然后选阴凉处挖 20cm 深、宽长适当的坑，垫上适量的沙子，把成捆的插穗分级整齐摆放好，上边用湿沙子埋藏，要满沙，不留空隙。埋藏时插穗顶口朝下摆入，并保持所有穗都在一个平面上。春天化冻之后，要每天浇水、保湿，并注意降温，以防失水和腐烂。

(4) 剪插穗：插穗长度一般为 12 ~ 20cm。材料有限时，生根力强的品系可取 12 ~ 15cm，生根力比较差的品系最好采用 18 ~ 20cm 的插穗。插穗切口的位置，上端在芽上方 1cm 左右，下端在芽下方 0.5cm 左右为好。下切口处必须紧靠节处，在生产上多采用平口。

(5) 插穗生根处理：翌年 3 月将条材剪成插穗后要用湿沙贮藏一段时间（20 ~ 30d）。插前将插穗在水池里浸泡 3d，每 24h 换水 1 次，插前在池中放入甲基托布津（浓度为 0.1%）浸泡 24h。不易生根的品种如新疆杨、毛白杨、银中杨等要进行催根处理，即用浓度为 0.01%

的萘乙酸或者 ABT 生根粉溶液浸泡插穗基部(深度 2cm 左右)12~24h。

(6)扦插时间:春季土壤解冻后即可扦插。

(7)扦插:插穗直插于苗床。密度一般为每 $667m^2$ 4000 株左右。扦插后即须灌水。

(8)抹芽:苗木生长后长出侧枝,需要抹芽。若侧枝很嫩,用手直接摘除;若已木质化,则需剪除。第一次抹芽在苗高 40cm 时进行。

(9)追肥:一般每 $667m^2$ 一年用尿素 50kg 左右,同时可根据土壤情况增施一定量的磷肥和钾肥。追肥一般于 5 月下旬、6 月中旬和 7 月中旬分 3 次进行。

(10)病虫害防治:整地时每 $667m^2$ 用 50%甲基乙硫磷颗粒剂 1.5~2kg 拌细土撒圃地。扦插前,种条用 50%多菌灵和 15%甲基托布津按 1∶1 比例 200~250 倍混合液浸根 1~2h,可有效防治根腐病和黑斑病。插条发芽后,用 50%甲胺磷 1200 倍液根基喷雾,可有效防治幼芽被咬。在生长期间的 7 月上旬、8 月上旬各用 50%辛硫磷 1500 倍液和多菌灵 500 倍液防治毒刺蛾等害虫和杨褐斑病等。

(二)园林植物嫩枝扦插

1. 扦插床的准备

在扦插苗床的四周用砖或水泥砌高为 40cm,宽度为 1m,长度一般不超过 20m 的墙。墙底层留多处排水孔(图 2-2),床内最下层铺小石子,中层铺煤渣,上层铺纯净的粗河沙或蛭石、珍珠岩、泥炭、炉渣等,基质厚度为 20~30cm。

图 2-2 沙床示意图

2. 插穗的采集

在高生长最旺盛期剪取木质化程度较低的幼嫩枝条作插穗。生产上常在母株抽梢前,将旺枝顶端短截,促发侧枝作为插穗;半嫩枝扦插应在春梢停止生长,夏梢未生长时或夏秋梢生长间期进行;草本植物扦插一般生长季进行,多选顶梢作为插穗;多浆类植物插穗含水分较多,采集后应先放于通风干燥处,待切口愈合干燥后扦插。嫩枝扦插一般采用随采随剪随插的方法。采集插穗应在阴天无风、清晨有露水或下午 16∶30 以后光照不太强烈的时间进行。

3. 插穗的剪制

采集的嫩枝应在阴晾处迅速剪制插穗。插穗一般应该有 2~4 个芽，长度以 5~20cm 为宜。叶片较小时保留顶端 2~4 片叶，叶片较大时应留 1~2.5 片叶，其余的叶片应摘去。如果叶面积过大，可剪去 2/3 的叶片。在采集、制穗期间，注意用湿润物覆盖嫩枝，以免失水萎蔫。

4. 生根处理

采制嫩枝插穗后，一般要用能促进生根的激素类物质进行生根处理，但要注意处理浓度不可过高。具体浓度参见硬枝扦插。

5. 扦插

先将苗床或基质浇透水，让其充分吸足水分。可直接扦插或用与插条粗细相同的木棒锥孔扦插。扦插密度以插后叶面互不拥挤重叠为原则，株行距一般为 5~10cm，采用正方形布点(图 2-3)。扦插深度一般为插穗长度的 1/2~2/3。蔓生植物枝条长，在扦插中可以将插穗平放或略弯成船底形进行扦插。仙人掌与多肉多浆植物，剪取后应放在通风处晾干数日再扦插。

6. 保湿、遮阳

扦插后加塑料拱棚进行保湿。上加遮阳网进行光照调节或将扦插容器移至背光阴凉处(图 2-4)。

图 2-3 嫩枝扦插

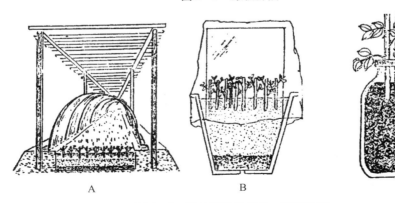

图 2-4 嫩枝扦插后保湿、遮阳处理
A. 塑料棚扦插　B. 大盆密插　C. 暗瓶水插

7. 扦插后管理

其管理措施基本与硬枝扦插相同。须注意以下两点：

(1)浇水：嫩枝露地扦插用塑料棚保湿时，每天上午和下午揭、盖塑料布及浇水各1次。浇水遵循高温、阳光充足时多浇，阴天少浇，雨天不浇的规律。在气温过高、日照过强的天气，宜在中午向塑料布上喷水降温，以免伤害插条。插条生根后，撤去塑料布，保证每天浇水1次。最好采取全光喷雾装置，保持叶片水分处于饱和状态，使插穗处于最适宜的水分条件下。

(2)移植：扦插早或生根及生长快的种类，可在休眠前进行移植；扦插晚或生根慢或不耐寒的种类，可在苗床上越冬，翌年春季移植。最好带土移植，移植后的最初几天，要注意遮阳、保湿。草本扦插苗生长迅速，生根后及时移植，当年可获产品出售。

园林植物嫩枝扦插实例

1. 锦带花嫩枝扦插育苗

(1)扦插基质：河沙、泥炭土。

(2)插穗的剪制：在春末至早秋植株生长旺盛时，选用当年生粗壮枝条健壮的部位，剪成5~15cm长、带3个芽的插穗。上剪口在最上一个芽的上方约1cm处平剪，下剪口在最下面的叶节下方约0.5cm处平剪，上下剪口要平滑(刀要锋利)。

(3)插穗的生根处理：用50mg/L吲哚乙酸浸泡插穗基部2~3cm 1h。

(4)扦插：深度为插穗2/3，株行距为5cm×25cm，插后浇水。插床上扣塑料薄膜拱棚，上设遮阳幕棚。

(5)湿度：扦插后必须保持空气的相对湿度为75%~85%，注意喷水。

(6)光照：扦插后必须遮光50%~80%，待根系长出后，再逐步移去遮阳网。晴天时每天16:00除下遮阳网，第二天9:00前盖上遮阳网。

2. 圆柏嫩枝扦插育苗

(1)扦插苗床的准备：苗床要选择背风向阳、排水良好、供水供电方便的位置，架设较抗风的遮阳棚。苗床宽1.2m，长8~10m，深20~25cm。将经过暴晒的河沙过筛，铺20~25cm厚。每立方米沙子用高锰酸钾50g或50%的多菌灵50g，对水50kg，进行消毒。床间距离为80~100cm，设低于床面的步行道兼排水沟。床内设一根直径为2cm的塑料管，悬挂在拱架上。塑料管上每隔40cm安一个喷头，每个管子都要设阀门。

(2)插穗采集：采用健壮、无病虫害、生长旺盛、半木质化，带一小段二年生枝条的插穗。最好早晨或上午采集，随采随喷水，不能失水，最好当天采穗当天插完。

(3)插穗剪取与处理：插穗长10~15cm，去掉下部小枝3~5cm，剪成马蹄形，保持下切口平滑不裂，剪后蘸500~1000mg/L的萘乙酸溶液24h，稍晾扦插即可。

(4)扦插：圆柏全年都可以扦插，但以6~7月扦插最好。扦插密度为7cm×7cm(或5cm×5cm)。用竹签划出3cm深的小沟扦插，插后按实、喷水、盖膜。塑料布的一边用土封死，另一边用砖压紧。

(5)管理：温度控制在18~28℃，湿度控制在80%~90%，采用遮光80%左右的遮阳网。扦插后每天喷水2~3次，每次1~2min，棚内湿度不能高于90%。每隔7~10d消毒一次，用50%多菌灵600~800倍液消毒杀菌。30~45d开始生根，生根后加强管理。10月下旬~11月上旬，入冬前去掉遮阳网，浇水。

(6)移栽:翌春4月移栽前10~15d开始掀膜炼苗,待扦插苗适应大田气候再移栽。移栽田要细整,进行土壤消毒和地下害虫防治。栽植时间以清明节后气温开始升高、小苗开始萌动时为宜。按40cm×40cm株行距栽植,栽后浇水2~3次,中耕、除草,增加地温和土壤的透气性,促使生根,尽早缓苗。栽植后加强病虫害防治,特别是地下害虫的防治。生长2年后,隔株间苗;3年后隔行隔株间苗。

四、实训质量要求及考核标准

(一)实训质量要求

实训内容应与生产密切结合,对应当地的生产季节,完全按生产程序进行操作。每项内容要求学生都能独立完成,并能与组内同学分工合作。

(二)实训考核标准

1. 硬枝扦插考核标准

(1)结果考核:以组为单位,每组一床,通过考察成活率确定成绩。标准为:成活率达到80%为满分,每降低5个百分点降低10分。

(2)过程考核:以组为单位,在规定时间内,按教师给定的插条的性质确定扦插方式,并完成扦插过程(表2-2)。

表2-2 硬枝扦插考核标准

序号	内容	标准	分值(分)	得分
1	整地	浅耕灭茬、翻地、耙地、作床或作垄方法正确	30	
2	剪穗	达到要求	20	
3	扦插	达到要求	20	
4	灌水	达到要求	10	
5	合作	组内分工明确,合作协调	10	
6	时间	在30min内做4m长、1m宽的苗床或2m长的垄2条。各项工作均按时完成	10	

2. 嫩枝扦插考核标准

(1)结果考核:以组为单位,每组一床,通过考察成活率确定成绩。标准为:成活率达到60%为满分,每降低5个百分点降低10分。

(2)过程考核:以个人为单位,在事先已准备好的地块上进行,考核标准见表2-3。

表2-3 嫩枝扦插考核标准

序号	内容	标准	分值(分)	得分
1	扦插床	达到要求	20	
2	灌水	达到要求	10	
3	剪穗	达到要求	20	
4	扦插	达到要求	20	
5	保湿	达到要求	10	
6	遮阳	达到要求	10	
7	时间	在20min内完成10个插穗的任务。各项工作按时完成	10	

实训3 园林植物嫁接繁殖

一、实训目的

熟练掌握劈接、腹接、T形芽接、嵌芽接的嫁接技术。

二、实训工具与材料

(1) 工具：修枝剪、嫁接刀、盛穗容器、油石、电炉等。
(2) 材料：采穗母树、砧木、湿布、塑料绑带、石蜡等。

三、重点掌握的技能环节

(一) 园林植物枝接繁殖的方法

1. 砧木的准备

选择与接穗亲和力强、生长健壮、抗病虫害能力强、寿命长，适应当地气候环境条件，材料资源丰富、容易繁殖的树种。砧木高度20cm处不能有分枝，嫁接部位直径为0.8cm以上。砧木可通过播种、扦插等方法培育。生产中多以播种苗作砧木，在早春进行播种，时间越早越好。苗木定植时，应保持规则的株行距。并通过摘心等控制苗木高度，促使其茎部加粗。嫁接用砧木苗通常选用1~2年生、地径为1~2.5cm的苗木。有特殊要求者，如嫁接龙爪槐、龙爪榆、龙爪柳、红花刺槐等需高接换头，要求砧木规格通常为干高2m以上，胸径3~4cm。砧木培育的技术措施与播种繁殖相同，参见实训一。

2. 接穗的采集

选择品质优良纯正、观赏价值或经济价值高，生长健壮，无病虫害的壮年期的优良植株为采穗母本。从采穗母本的外围中上部，最好选向阳面，光照充足，发育充实的1~2年生的枝条作为接穗。一般采取节间短、生长健壮、发育充实、芽体饱满、无病虫害、粗细均匀的1年生枝条较好。春季嫁接应在休眠期(落叶后至翌春萌芽前)采集接穗并适当贮藏。若繁殖量小，也可随采随接；常绿树木、草本植物、多浆植物以及生长季节嫁接时，接穗宜随采随接。

3. 接穗的贮藏

春季嫁接用的接穗，在休眠期结合冬季修剪采集接穗，每100根捆成一捆，附上标签，标明树种或品种、采条日期、数量等，放在假植沟或地窖内。对有伤流现象、树胶、单宁含量高等特殊情况的接穗用蜡封方法贮藏，如核桃、板栗、柿等植物的接穗，将枝条采回后，剪成8~13cm长(一个接穗上至少有3个完整、饱满的芽)的插穗；将石蜡放在容器中，再把容器放在水浴箱或水锅里加热，通过水浴使石蜡熔化；当蜡液达到85~90℃时，将接穗两头分别在蜡液中速蘸，使接穗表面全部蒙上一层薄薄的蜡膜，中间无气泡；然后将一定数量的接穗装于塑料袋中密封好，放在0~5℃的低温条件下贮藏备用。一般万根接穗耗蜡量为5kg左右。多肉植物、草本植物及一些生长季嫁接的植物接穗应随采随接，去掉叶片和生长不充实的枝梢顶端，及时用湿布包裹。取回的接穗如不能及时嫁接可将其下部浸入水中，放置阴凉处，每天换水1~2次，可短期保存4~5d。如需长途运输或较长时间贮藏，则需要先让接穗充分吸水，用浸湿的麻袋包裹后，再装入塑料袋运输。运输途中还要经常检查，不断补充水分，防止接穗失水。对暂时不能用完的接穗，要放在凉爽、湿润的条件下贮藏备用。

4. 嫁接工具及材料的准备

嫁接工具主要有嫁接刀、修枝剪、手锯、手锤等。嫁接刀可分为芽接刀、枝接刀、单面刀片、双面刀片等。刀具要求锋利。绑扎材料常用蒲草、马蔺草、麻皮、塑料薄膜等。以塑料薄膜应用最为广泛，选用厚薄适宜的塑料布，裁成宽1~2cm，长度随砧木粗度而定的细长条，每100条捆成一捆待用。如果嫁接时相对湿度低，可再加套塑料袋起到保湿作用。涂抹材料通常为接蜡或泥浆，也可采用市售保湿剂直接涂抹。

5. 嫁接

根据嫁接植物的种类、砧木大小、接穗与砧木的情况、育苗目的、季节等，选择适当的嫁接方法。枝接时间一般以春季顶芽刚刚萌动时进行最为理想；含单宁较多的核桃、板栗、柿树等，以在砧木展叶后嫁接为好；龙柏、翠柏、偃柏等，应在夏季新梢刚停止生长时嫁接为宜。如果用接穗木质化程度较低的嫩枝嫁接，应在夏季新梢生长至一定长度时进行。

（1）劈接：砧木较粗、接穗较小时使用。

①削接穗　把采下的接穗去掉梢头和基部不饱满芽部分，截成长5~8cm、至少有2~3个芽的枝段。然后从接穗下部3cm左右处（保留芽）削成两长马耳形的楔形斜面。削面长2.5~3cm，接穗一侧薄一侧稍厚。削面要平整光滑（图3-1）。

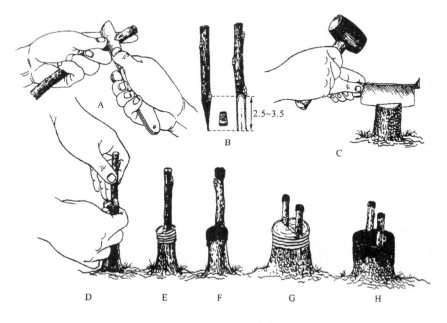

图3-1　劈接示意图（单位：cm）
A. 削接穗　B. 接穗削面　C. 劈开砧木　D. 插入接穗　E、G. 绑扎　F、H. 涂石蜡

②削砧木　将砧木在离地面一定高度的光滑处剪(锯)断，通常在距地面为5~10cm处，削平剪口。用劈接刀从其横断面的中心通过髓心垂直向下劈深2~3cm的切口。要轻轻敲击劈接刀刀背或按压刀背，使刀徐徐下切。不要让泥土或其他东西落进劈口内。

③结合　用劈接刀的楔部撬开劈口，将削好的接穗轻轻地插入砧木劈缝，使接穗形成层与砧木形成层对准。如接穗较砧木细，要把接穗紧靠一边，保证至少有一侧形成层对齐。砧木较粗时，可同时插入2个或4个接穗。插接穗时，不要把削面全部插进去，要露2~3mm的削面在砧木外。接穗插入后用塑料薄膜条或麻皮马蔺草把接口绑紧。接口可培土覆盖、用接蜡封口或加塑料袋保湿。

(2)腹接：常在砧木较细时使用(图3-2)。

①削接穗　接穗可为单芽。长削面长3cm左右，削面要平滑而渐斜，背面削成长2cm左右的短削面。

②削砧木　在砧木适当的高度，一般距地面10~20cm处选择平滑的一面，自上而下斜切一刀，切口深入木质部，但切口下端不宜超过髓心，切口长度与接穗长削面相当。

③结合　接穗长削面向里(髓心)，与形成层对齐，绑缚、保湿。嫁接成活后，剪砧(即切断砧木原有上部茎叶)。

图3-2　腹接示意图

6. 嫁接后管理

(1)挂牌：接完立即挂牌，注明接穗品种、数量、贮藏情况、嫁接日期、方法等。挂牌时，要尽量多用一些代号和字母来表示。

(2)检查成活率：嫁接后20~30d检查成活率。若接穗保持新鲜，皮层不皱缩失水，或接穗上的芽已经萌发生长，表示嫁接成活。

(3)解除绑缚物：在接芽开始生长时先松绑，当接穗芽生长至4~5cm时，将所套的塑料袋或纸袋先端剪一个小洞，使幼芽经受外界环境的锻炼并逐渐适应，4~5d后脱袋。在接穗萌芽生长半月之后，即长30cm左右时，再解绑。

(4)补接：可将砧木在接口稍下处剪去，在其萌条中选留一个生长健壮的进行培养，待到夏、秋季节，用芽接法或枝接法补接。

(5)剪砧：剪砧可以一次完成，也可以分两次完成。一次完成的，一般在接穗芽上1cm左右剪砧。分两次完成的，第一次可以稍高些，在接穗上方2~3cm处剪砧；第二次在正常位置剪砧。折砧一般在接穗芽上2~3cm进行，折后再剪的高度与剪砧时一样。秋季嫁接，当年未萌发而要在翌春才萌发的，应在萌芽前及时剪砧。

(6)抹芽和除蘖：剪砧后，要及时抹除砧木上的萌芽和萌条。如果嫁接部位以下没有叶片，也可以将一部分萌条留1~2片叶摘心，促进接穗生长。待接穗生长到一定程度再将这些萌条剪除。抹芽和除蘖一般要反复进行多次。

(7)立支柱：在春季风大的地区，为防止接口或接穗新梢风折和弯曲，应在新梢生长至30~40cm时立支柱。

当嫁接成活后，根据苗木生长状况及生长规律，应加强肥水管理，适时灌水、施肥、除草松土、防治病虫害。促进苗木生长。措施参见实训一。

园林植物劈接实例（碧桃劈接方法）

(1)采集接穗：结合冬季整形修剪采集健壮无病虫害的发育枝，采用湿沙贮藏或低温冷藏。

(2)嫁接：翌年碧桃萌芽前进行嫁接。在一年生毛桃砧木离地10~15cm无节处剪去地上部，再在横截面中央用嫁接刀劈开，切口深2~3cm。接穗保留3~4个完整饱满的芽，接穗长5~10cm，切口长为2~3cm，下端呈楔形。接着将接穗插入砧木切口，使彼此形成层对准密接，接穗插入的深度以接穗削面上端露出0.2~0.3cm为宜。

(3)绑扎：用塑料绑带由上向下捆扎紧密，使形成层密切接触。为了保持接口的湿度，可以采用地膜进行全密封包扎。

(4)嫁接后管理：嫁接后15~30d可检查成活率，并对嫁接不成活者进行补接。嫁接成活后，砧木常萌发许多萌芽和根蘖，要及时抹除。当新梢生长至20~30cm时解绑，并进行肥水管理和病虫害防治。

(二)园林植物芽接繁殖的方法

1. 砧木的准备

与枝接相同，砧木嫁接部位直径为1~3cm。

2. 接穗的采集

选择品种优良纯正、生长健壮、观赏价值或经济价值高、无病虫害的成年树作为采穗母树。不需预先收集贮藏。生长季节，在树冠外围中上部剪取生长充实、芽体饱满的当年生发育枝。采集接穗后，只保留0.5cm长的叶柄，叶片全部剪去，放入水桶或用湿润的毛巾包裹等方法作短时间的保存。

3. 嫁接工具的准备

与枝接相同。

4. 嫁接

(1)嵌芽接

①取接芽 接穗上的芽，自上而下切取。先从芽的上方1.5~2cm处稍带木质部向下斜切一刀，然后在芽的下方1cm处横向斜切一刀，取下芽片。

②切砧木 在砧木选定的高度上，选取背阴面光滑处，从上向下稍带木质部削一与接芽片长、宽均相等的切面。将切开的稍带木质部的树皮上部切去，下部留0.5cm左右。

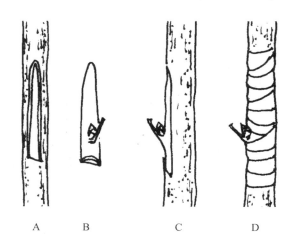

图 3-3 嵌芽接示意图
A. 切砧木 B. 取接芽 C. 插入芽片 D. 绑扎

③结合 将芽片插入切口使两者形成层对齐,用塑料条绑扎好即可(图 3-3)。

(2)"T"字型芽接

①取接芽 在芽上方 1cm 左右处先横切一刀,深达木质部;再从芽下 1.5cm 左右处,从下往上削,略带木质部,使刀口与横切的刀口相连接,削成上宽下窄的盾形芽片。用手横向用力拧,即可将芽片完整取下。

②切砧木 在砧木距离地面 7~15cm 处或满足生产要求的一定高度处,选择背阴面的光滑部位,去掉 2~3 片叶。用芽接刀先横切一刀(较长),深达木质部;再从横切刀口中心往下垂直纵切一刀,长 1~1.5cm,刀口仅把韧皮部切断即可,不要太深,在砧木上形成一"T"字型切口。

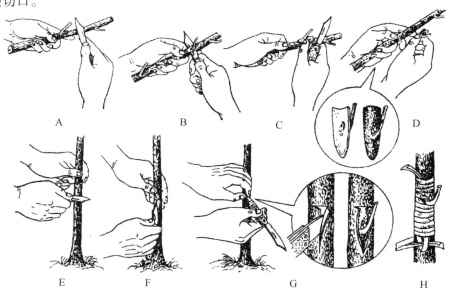

图 3-4 "T"字型芽接示意图
A~D. 取接芽片 E、F. 砧木切口 G. 撬开皮层嵌入芽片 H. 用塑料条绑扎

③结合　手拿接芽片，捏住叶柄并使其朝上，右手拿芽接刀，用芽接刀骨柄轻轻地挑开砧木的韧皮部，迅速地将接芽插入挑开的"T"型切口内，压住叶柄往下推，接芽全部插入后再往上推一下，使接芽的上部与砧木上的横切口对齐。手压接芽叶柄，用塑料条绑紧即可。绑扎时从芽上或芽下开始均可。芽与叶柄应留在外边。

5. 嫁接后管理

(1)挂牌：与枝接相同。

(2)检查成活率：接后7~15d即可检查成活率。如果带有叶柄，用手轻轻一碰，叶柄即脱落的，表示已成活；若叶柄干枯不落或已发黑的，表示嫁接未成活。不带叶柄的接穗，若芽已经萌发生长或仍保持新鲜状态的即已成活；若芽片已干枯变黑，没有萌动迹象，则表明嫁接失败。秋季或早春进行芽接，接后不立即萌芽的，检查成活率可以稍晚进行。

(3)补接：若芽接失败且已错过补接的最好时间，可以进行枝接补接。

(4)解除绑缚物：结合检查成活率，及时解除绑扎物。在接穗芽的背部，用锋利的刀片将绑扎物划破即可。当时不需立即萌发的，解除绑扎物可以稍晚，只要不影响接穗芽萌发即可。

其他措施与枝接相同。

园林植物"T"型芽接方法实例（碧桃"T"型芽接方法）

(1)取接穗：在健壮的成年碧桃树上采集已经木质化的发育枝，剪去叶片，留住叶柄，并及时用湿布把接穗包裹好，以免失水。

(2)嫁接：接穗枝条自下而上切取，在芽的下部1~1.5cm处带木质部往上斜切一刀至芽上方1cm左右，再在芽的上部1cm处横切一刀到木质部，取下芽片，不带木质部。然后在砧木距地面5~10cm处选择平滑的部位横切一刀至木质部，从横切口中央向下竖切一刀长1cm左右，使切口呈"T"字型。接着在"T"字型切口交叉处挑开，将芽片插入砧木切口，使芽片上端与"T"字型切口横切口对齐。最后用塑料绑带自下而上把砧穗绑扎紧密，注意留出芽眼。

(3)嫁接后管理：嫁接后2周可检查成活率，嫁接不成活的应及时补接；嫁接成活后要及时剪砧，即在接口上方1cm处剪去砧木，剪口要平。要及时抹除砧木上萌芽和根蘖，一般要进行多次，才能将萌蘖清除干净。当新梢长至2~3cm时，可以解除绑缚物。嫁接成活后，应加强肥水管理、中耕锄草、病虫害防治等措施。

四、实训质量要求及考核标准

(一)实训质量要求

实训内容应与生产密切结合，并且对应当地的生产季节。每项内容都要求学生能独立操作，并能与组内同学分工合作。

(二)实训考核标准

1. 枝接考核标准

(1)结果考核：以个人为单位，通过枝接的方式嫁接，考察成活率确定成绩。考核标准为按每人嫁接10株计算，成活率达50%为满分，每降低5个百分点降低10分。

(2)过程考核：通过实际操作，以个人为单位，检验劈接或腹接的具体过程是否正确

（表3-1）。

表3-1 枝接考核标准

序号	内容	标准	分值（分）	得分
1	削接穗	正确、平滑	35	
2	切砧木	正确	15	
3	结合	正确	20	
4	绑缚	正确	20	
5	时间	在10min内完成5株嫁接任务	10	

2. 芽接考核标准

（1）结果考核：同枝接。

（2）过程考核：通过实际操作，以个人为单位，检验嵌芽接或T芽接的具体过程是否正确（表3-2）。

表3-2 芽接考核标准

序号	内容	标准	分值（分）	得分
1	削接穗	正确、平滑	35	
2	切砧木	正确	20	
3	结合	正确	15	
4	绑缚	正确	20	
5	时间	在10min内完成5株嫁接任务	10	

实训 4 大苗的培育

一、实训目的

熟练掌握整地、营养土的配置、苗木移栽、整形修剪以及苗木田间管理技术。

二、实训工具与材料

(1)工具：锄头、修枝剪、手锯、喷雾机、梯子、苗木营养袋、盛苗容器等。
(2)材料：苗木、营养土、肥料、农药。

三、重点掌握的技能环节

(一)露地大苗的培育

1. 地块选择

地块应平坦、光照充足，通风较好而无大风。交通方便，有良好的灌排水设施。土层厚度最好在 1m 以上。地块面积取决于移植苗的数量及株行距的大小。

一般苗木移植的株行距可参考表 4-1。

表 4-1 苗木移植株行距

项　目	第一次移植株距(cm) × 行距(cm)	第二次移植株距(cm) × 行距(cm)	说　明
常绿树小苗	30 × 40	40 × 70 或 50 × 80	绿篱用苗 1~2 次 白皮松类 2~3 次
落叶速生苗	90 × 110 或 80 × 120		杨、柳等
落叶慢长苗	50 × 80	80 × 120	槐、五角枫
花灌木小苗	80 × 80 或 50 × 80		丁香、连翘等
攀缘类小苗	50 × 80 或 40 × 60		紫藤、地锦

2. 整地

如果移植的苗木较小，根系较浅，可进行全面整地。在地表均匀地抛撒一层有机肥(农家肥)，用量为每 667m² 1500~3000kg 为宜，也可结合施农家肥施入适量的迟效肥，如磷肥。然后对土地进行深翻，深度以 30cm 为准。深翻后再打碎土块、平整土地、划线定点种植苗木。如果移植苗较大，常采用沟状整地或穴状整地。挖沟、挖坑以线或点为中心进行挖掘。挖沟一般为南北向，沟深 50~60cm，沟宽 70~80cm。挖坑一般深 60cm，宽度 80~100cm。

3. 起苗

起苗前要检查土壤的墒情，一般土壤表面 30cm 土层的含水量应保持在田间最大持水量的 85% 左右。若达不到标准，起苗前 2~3d 要对苗圃进行灌溉。

(1)裸根起苗：主要用于阔叶树休眠期移植。挖苗时，依苗木的大小，保留好苗木根系

(一般2~3年生苗木保留根幅直径为30~40cm),在此范围之外下锹,切断周围根系多余部分,提起苗干。苗木起出后,抖去根部宿土,尽量保留完整的须根。

(2)带宿土起苗:落叶针叶树及部分移植成活率不高的落叶阔叶树需带宿土起苗。起苗时,保留根部护心土及根毛集中区的土块。起苗方法同裸根起苗。

上述两种起苗方法可用起苗犁进行起苗。起苗犁将苗木主根切断后,须由人工将苗木拔出。

(3)带土球起苗:主要用于针叶树及珍贵品种的起苗。先铲除苗木根际周围表土,以至少见到须根为度。然后按一定的土球规格,顺次挖去规格以外的土壤,待四周挖好后,再将苗木主根(直根)切断,连同土球一起提出。一般2~3年生苗木的土球规格为:直径30~35cm,厚度30cm。如苗木要求质量高或需长途运输或土质疏松等,土球挖出后还要进行包扎,防止土球散坨。

4. 假植

起苗后如不能马上栽植,要进行假植。短期假植可将苗木根部或苗干下部临时埋在湿润的土中。时间一般5~10d。越冬假植,要选地势高燥、排水良好、背风且便于管理的地段,挖一条与主风方向相垂直的沟,规格根据苗木的大小而定,一般深宽各为30~45cm,迎风面的沟壁成45°。将苗木成捆或单株摆放于此斜面上,填土压实。如土壤过干,可适当浇水。寒冷地区,可用稻草、秸秆等覆盖苗木地上部分。

5. 栽植

(1)沟植:用于移植根系发达的小苗。按移植的行距开沟,将苗木按株距排列于沟中,扶直、填土、踩实。开沟深度应大于苗根深度,以免根部弯折。

(2)穴植:用于大苗移植或较难成活的苗木移植。按预定的株行距挖穴,植穴直径应略大于苗木的根系直径。栽植时扶直苗木,再填土踩实。填土至穴深1/3~1/2时,将苗木向上稍提一下,使苗木的根系在穴内舒展,不窝根。带土球苗木栽植时,要将包扎物拆除或剪开,使根系接触土壤。

(3)孔植:用于移栽小苗。用专用的打孔机打孔栽植,深度与原栽植深度相同。

6. 移植后的管理

(1)浇水:移植后要马上浇水。在树行间筑土坝,水从水渠或管道流出后顺行间流动进行漫灌。第一次浇水必须浇透,直至坑内或沟内水不再下渗为止。第一次浇水后,隔2~3d再浇一次水,连灌三遍水。浇水一般在早上或傍晚为好。

(2)覆盖:浇水后等水渗下,地里能劳作时,在树苗下覆盖塑料薄膜或覆草。覆盖塑料薄膜时,要将薄膜剪成方块,使树干穿过薄膜的中心,用土将薄膜中心和四周压实。覆草是用秸秆覆盖苗木生长的地面,厚度为5~10cm。如果不进行覆盖,待水渗后地表开裂时,应覆盖一层干土,堵住裂缝,防止水分散失。

(3)扶正:扶苗时应视情况挖开土壤扶正植株。扶正后,整理好地面,培土、踏实后立即浇水。对容易倒伏的苗木,在移植后立支架,待苗木根系长好后,不易倒伏时再撤掉支架。

(4)中耕除草:中耕是将土地翻10~20cm深,结合除草进行。除草一般安排夏天生长较旺的时候,晴天、太阳直晒时进行为好。第一年中耕除草5~6次,以后可逐年减少。

(5)施肥:其合适与否直接关系到苗木生长质量。在施足底肥的基础上,要根据苗木生长的状况及不同阶段,施用不同的肥料。

(6)病虫害防治:种植前可以进行土壤消毒,种植后要加强田间管理,改善田间通风、透光条件,消除杂草、杂物,减少病虫害残留发生。苗木生长期经常巡察田间苗木生长状况,一旦发生病虫害,要及时诊断、合理用药或采用其他方法治理。食根性害虫可用3%呋喃丹颗粒剂施入土层中进行防治,或用毒饵诱杀;食叶害虫可喷施氧化乐果、乐果乳剂、敌百虫等杀虫剂;侵染性病害应在移植前进行土壤消毒,发病前喷施波尔多液进行保护,发病后喷施代森锰锌、灭菌丹等杀菌剂治疗。

(7)排水:要做好排水设施,提前挖好排水沟使流水能及时排走。

(8)整形修剪:不同种类的大苗,采用的整形修剪方法不同。一般行道树和城市绿化苗的主干高3~4m;防护林用苗的主干高1~2m。剪除主干上的枝条与萌蘖,并视需要进行树冠修剪定型。主干高度达标时要摘除顶芽。修剪时,考虑选留骨干枝,疏除一些位置不适的大枝,具体参见实训九。

(9)补植:移植后1~2个月要检查成活情况,必要时进行补植。

(10)苗木越冬防寒:苗木移植后,在北方要做一些越冬防寒的工作,在土壤冻结前浇一次越冬水。对一些较小的苗木,用土或草帘、塑料小拱棚等覆盖;较大的易冻死的苗木,缠草绳以防冻伤;对萌芽力或成枝力均较强的树种,可剪去地上部分,使来年长出更强壮的树干;冬季风大的地方也可设风障防寒。

(二)容器大苗的培育

1. 苗床地的处理

先对苗床土壤进行彻底除草,然后铺盖石子和木屑以利于排水。一般碎石的厚度为10cm左右,废木屑的厚度为10~20cm。也可用2~3层废旧的遮阳网作为地面覆盖,但最好用园艺地布进行地面覆盖。干径在5cm以上的大苗,苗床宽可达3m。

也可以直接把装好苗的容器半埋于土壤中,用苗时,把带苗的容器起出。其苗床的距离与田间栽培相同,管理也相似。

2. 选择育苗容器

根据苗木大小选择育苗容器。目前应用最广的是硬质塑料盆,其大小有1,3,5,7,15,30加仑等各种规格。盆壁有防止缠根和灼根的凹凸条纹。较大型的容器苗,可用木框、铁丝网、钢板网、可开拉式塑网袋容器或一次性的各种规格的软质塑料种植袋。

3. 营养土配制

根据配方进行营养土配制。基本材料是园土、腐熟有机肥、灰粪、泥炭、腐熟树皮、腐熟木鳞片等。配制混合基质时,宜选用树皮,比例为1/2~2/3,再配加泥炭1/3~1/2;或泥炭1/3,其他基质1/3,可少量添加粗砂或其他当地的特别廉价的腐熟甘蔗渣、山核桃壳、菇渣、药渣等。扦插成活苗刚移植时的基质可用松树皮加珍珠岩以3:1的比例配制。营养土中还要加入占营养土总重2%~3%的过磷酸钙。将所有材料充分搅拌均匀,并用多菌灵800倍液或2%~3%的硫酸亚铁溶液与杀虫剂混合溶液进行喷洒,浇透营养土,用塑料薄膜完全覆盖以消毒营养土。土壤pH值一般要求针叶树为4.5~5.5、阔叶树为5.7~6.5。

4. 起苗

与露地大苗的培育相同。

5. 栽植

在营养袋中先装 1/3 的土，然后放入苗木，扶正，继续填营养土；当营养土填到苗木原根茎处时，进行提苗，促使根系与土壤充分接触；对土壤进行压实，接着继续填土至苗木原根茎上方 1~2cm 为止，最后浇定根水。

6. 移栽后管理

（1）苗木摆放：摆放时一般按容器苗的类型进行分区摆放。如乔木区、灌木区、标本区（圃）等。

（2）灌溉：灌溉方式主要有喷灌和滴灌。灌木和株高低于 1m 的苗木采用喷灌，而摆放密度小的大苗则以滴灌为主。通常大的容器 1~2 周浇 1 次水，小的容器 3~6d 浇 1 次水。

（3）施肥：在容器苗的基质中施用适量的控释肥，一年施 1~2 次。可将肥料拌到基质中，在上盆和换盆的时候进行，这样使用的效果最好，根系生长分布均匀；也可将肥料施在容器基质的表面，在追肥的时候采用；或使用水溶性肥料，结合喷灌直接施入。

（4）病虫害防治：病害主要有炭疽病、白粉病、叶斑病、枝枯病、枯萎病、幼苗猝倒病等；虫害主要有蚜虫、蛾类幼虫、蝗虫等。

防止幼苗病害的主要方法是基质消毒。将拌好的基质放在密封的室内或用塑料薄膜把基质盖严、密封，酌情加入一定量的溴甲烷或福尔马林熏蒸。熏蒸时间为：气温高于 18℃ 时，需 10~12d；气温为 5~8℃，需 35~40d。除了熏蒸还可以在发病期进行喷药防治。可选用的药剂有 50% 多菌灵 500 倍液、75% 百菌清 500~800 倍液、50% 托布津粉剂 800~1000 倍液。每隔 7~10d 喷药 1 次，连续 3~4 次。根部病害可以用 3% 恶甲水剂 500 倍液灌根。

防治虫害可选用的药剂有吡虫啉 800 倍液、90% 敌百虫 1000 倍液和 50% 杀螟虫 1000 倍液，或菊酯类药剂。

（5）容器苗的固定绑扎：由于容器苗初期摆放较密，植株生长较快，茎较软弱，一般需要用立柱支撑，用塑料或绳索绑定。用于苗木固定的支柱多是竹竿（图 4-1）。

图 4-1 容器苗的固定绑扎

(6)容器苗整形与修剪:与露地大苗培育管理相同。

(7)越冬管理:可把苗木移入温室或塑料棚中,此法适合于小型容器苗;也可用锯木屑、稻秸、麦秸及稻壳覆盖根部,大苗越冬多采用这种方法。

四、实训质量要求及考核标准

(一)实训质量要求

实训内容应与生产密切结合,并且对应当地的生产季节。每项内容都要求学生能独立操作,并能与组内同学分工合作。

(二)实训考核标准

1. 露地大苗培育考核标准

结果考核:每人进行 5 株露地大苗的培育。成活率达到 80% 且标准达到要求为满分。每减少一株成活,扣掉 25 分。

2. 容器大苗培育考核标准

结果考核:每人进行 5 株容器大苗的培育。成活率达到 80% 且标准达到要求为满分。每减少一株成活,扣掉 25 分。

实训 5　苗木出圃

一、实训目的

熟练掌握苗木的起苗、分级、统计、包装及苗木的检疫和消毒的技术规程。

二、实训工具与材料

(1)工具：修枝剪、锄头、铲子、砍刀、斧头、麻绳、草绳、喷雾器。
(2)材料：苗木、消毒药品等。

三、重点掌握的技能环节

1. 苗木调查

在秋季苗木将停止生长时，对全圃所有苗木进行清查。根颈直径在 5~10cm 及以上的特大苗，要逐株清点；根颈直径在 5cm 以下的中小苗木，可采用科学的方法进行抽样调查，要求其准确度不得低于 95%。调查方法为：在需调查区内，每隔一定行数（如 5 的倍数）选 1 行或 1 垄作标准行，如苗木数过多，在标准行上随机选取出一定长度的地段，在选定的地段上进行苗木质量指标和数量的调查，如苗高、根颈直径或胸径、冠幅、顶芽饱满程度、针叶树有无双干或多干等。然后计算调查地段的总长度，求出单位长度的产苗量；或在调查区内，随机抽取 1m² 的标准地若干个，逐株调查标准地上苗木的高度、根颈直径等指标，并计算出 1m² 的平均产苗量和质量，最后推算出全区的总产量和质量。标准地或标准行面积一般占总面积的 2%~4%。对数量不太多的大苗和珍贵苗木，应逐株调查苗木数量，抽样调查苗木的高度、地径、冠幅等，计算其平均值。

2. 起苗

(1)裸根起苗：落叶阔叶树秋季起苗时，采用裸根起苗法。一般根系的半径为苗木地径的 5~8 倍，高度为根系直径的 2/3 左右。灌木的根系半径一般以株高的 1/3~1/2 确定。如 2~3 年生苗木保留根幅直径为 30~40cm。

起苗前如天气干燥，应提前 2~3d 对起苗地灌水，使苗木充分吸水、土质变软，便于操作。

(2)带土球起苗：常绿树、名贵树木和较大的花灌木常用带土球起苗。一般乔木的土球直径为根颈直径的 8~16 倍，土球高度为土球直径的 2/3；灌木的土球大小以其高度的 1/3~1/2 为标准。于挖前 1~2d 灌水。挖苗时，先将树冠用草绳拢起，再将苗干周围无根生长的表层土壤铲除，在应带土球直径的外侧挖一条操作沟，沟深与土球高度相等，沟壁应垂直，遇到细根用铁锹斩断，3cm 以上的粗根，用锯子锯断。挖至规定深度，用锹将土球表面及周围修平，使土球上下小呈苹果形，主根较深的树种土球呈萝卜形。

表 5-1 是 1986 年城乡建设环境保护部发布的部颁标准《城市园林苗圃育苗技术规程》中的起苗规格。

表 5-1　园林苗木掘苗规格

苗　木	苗木高度(cm)	应留根系长度(cm)	
		侧根(幅度)	直　根
小　苗	<30	12	15
	31~100	17	20
	101~150	20	20
大中苗	310~400	35~40	25~30
	410~500	45~50	35~40
	510~600	50~60	40~45
	610~800	70~80	45~55
	810~1000	85~100	55~65
	1010~1200	100~120	65~75
苗　木	苗木高度(cm)	土球规格(cm)	
		横　径	纵　径
带土球苗	<100	30	20
	101~200	40~50	30~40
	201~300	50~70	40~60
	301~400	70~90	60~80
	401~500	90~110	80~90

注：在生产中，常常根据苗木胸径或地径确定土球横径和纵径。

3. 苗木分级

当苗木起出后，应立即在蔽荫处进行分级，并同时对过长或劈裂的苗根和过长的侧枝进行修剪。苗木分级标准如下：

合格苗　具有良好的根系、优美的树形、一定的高度。合格苗根据其高度和粗度，又可分为若干等级。

不合格苗　是指需要继续在苗圃培育的苗木。其根系、树形不完整，苗高不符合要求，也可称小苗或弱苗。

废苗　是指不能用于造林、绿化，也无培养前途的断顶针叶苗、病虫害苗和缺根、伤茎苗等。除有的可作营养繁殖的材料外，一般废弃不用。

4. 苗木统计

结合分级进行。大苗以株为单位逐株清点；小苗可以分株清点，也可称一定重量的苗木，然后计算该重量的实际株数，再推算苗木的总数。

5. 苗木检疫

运往外地的苗木，应按国家和地区的规定检疫重点的病虫害。

引进苗木的地区，引进的种苗要有检疫证，证明确无危险性病虫害，并应按种苗消毒方法消毒之后栽植。

6. 苗木包装

(1)裸根苗包扎：裸根小苗如果运输时间超过24h，一般要进行包装。生产上常用的包装材料有草包、草片、蒲包、麻袋、塑料袋等。先将包装材料铺放在地上，上面放上苔藓、锯末、稻草等湿润物，然后将苗木根对根放在包装物上，并在根间放些湿润物。当每个包装的苗木数量达到一定要求时，用包装物将苗木捆扎成卷。捆扎时，在苗木根部的四周和包装材料之间，应包裹或填充均匀而又有一定厚度的湿润物。捆扎不宜太紧，以利通气。外面挂一标签，标明树种、苗龄、苗木数量、等级和苗圃名称。

短距离的运输，可在车上放一层湿润物，上面放一层苗木，分层交替堆放；或将苗木散放在篓、筐中，苗间放些湿润物，苗木装好后，最后再放一层湿润物即可。

在南方，常用浆根代替小苗的包装。做法是在苗圃挖一小坑，铲土，将心土（黄泥土）挖碎，灌水拌成泥浆，泥浆中可放入适量的生根促进剂等。事先将苗木捆成捆，将根部放入泥坑中蘸上泥浆即可。

（2）带土球苗木包扎：最简易的包扎方法是将土球放入蒲包中或草片上，然后拎起四角包好。此法适用于小土球及近距离运输。大型土球包装应结合挖苗进行。常用的是橘子式，即先将草绳一头系在树干上，再在土球上斜向缠绕，经土球底绕过对面经树干折回，顺同一方向按一定间隔缠绕至满球后系牢（图5-1）。

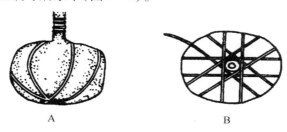

图5-1　土球橘子式包装
A. 侧面图　B. 剖面图

7. 苗木运输

小苗远距离运输前应在苗包上挂上标签，注明树种和数量。在运输期间，要勤检查包内的湿度和温度。如包内温度过高，要把包打开通风；如湿度不够，可适当喷水。苗木运到目的地后，要立即将苗包打开进行假植，过干时适当浇水，再进行假植。火车运输要发快件，对方应及时到车站取苗假植。

大苗用人力或吊车装运苗木时，应轻抬轻放。先装大苗、重苗，大苗间隙填放小规格苗。苗木根部装在车厢前面，树干之间、树干与车厢接触处要垫放稻草、草包等软材料，以避免树皮磨损。树根与树身要进行覆盖，并适当喷水保湿，以保持根系湿润。为防止苗木滚动，装车后将树干捆牢。运到现场后要逐株抬下。运输带土球的大苗，要用机械起吊和载重汽车运输。

8. 苗木的假植和贮藏

（1）假植：参见实训四。

（2）苗木贮藏：起苗后不能及时运走，可将苗木贮藏在低温条件下。一般温度为1～5℃、相对湿度85%～90%适合苗木贮藏。贮藏要有通气设备。可利用冷藏室、冷藏库、地下室、地窖等进行贮藏。

四、实训质量要求及考核标准

(一)实训质量要求

实训内容应与生产密切结合,并且对应当地的生产季节。每项内容都能要求学生独立操作,并能与组内同学分工合作。

(二)实训考核标准

准确填写表5-2和表5-3。

调查时要按树种、育苗方法、苗木种类和苗龄等项分别进行调查和记载(表5-2),准确填写苗木调查表。调查内容包括苗高、地径(或胸径)、冠幅。统计汇总后将调查结果填入苗木调查汇总表(表5-3)。

表5-2 苗木调查记载表

树种:　　苗木种类:　　育苗方式:　　苗龄:　　面积:　　调查比例:

标准地或标准行号	调查株号	高度(cm)	地(胸)径(cm)	冠幅(cm)	标准地或标准行号	调查株号	高度(cm)	地(胸)径(cm)	冠幅(cm)

调查人:　　　　　　　　　　　　　　　　　　　　　　　　　　　　年　月　日

表5-3 苗木调查汇总表

树种	苗木种类	育苗方式	苗龄(年)	面积(m^2)	产量(株/667m^2)	合格苗数									留圃		
						合计(株)	小计(株)	$\bar{H}$(cm)	$\bar{D}$(cm)	小计(株)	$\bar{H}$(cm)	$\bar{D}$(cm)	小计(株)	$\bar{H}$(cm)	$\bar{D}$(cm)	合计(株)	$\bar{H}$(cm)	$\bar{D}$(cm)

注:$\bar{H}$——合格苗木平均高度。

$\bar{D}$——合格苗木平均地(胸)径。

实训6 一、二年生草花生产技术

一、实训目的

通过此项训练让学生掌握一串红、金盏菊、瓜叶菊、彩叶草的生产技术和操作规程，使学生能独立进行一串红、金盏菊、瓜叶菊、彩叶草的生产。

二、实训工具与材料

(1)工具：铁锹、筛子、平耙、花铲、手锄、喷雾器、水管、米尺、测绳、量筒、天平、温度计等。

(2)材料：一串红种子、金盏菊种子、瓜叶菊种子、彩叶草种子、各种规格花盆、营养钵、穴盘、草炭土、沙子、遮阳网、复合肥、猪粪、饼肥、尿素、磷酸二氢钾、硝酸钙、硝酸钾、多菌灵、恶霉灵、苯醚甲环唑、百菌清、五氯硝基苯、扑海因、甲基硫菌灵、辛硫磷、甲拌磷、吡虫啉、敌百虫、溴氰菊酯、灭蝇胺等。

三、重点掌握的技能环节

(一)一串红生产技术

1. 育苗

(1)土壤改良：先将草炭土、沙子、园土按1∶1∶1比例均匀混合，在混合过程中将多菌灵和敌百虫混细土均匀撒施到土壤上。

(2)作床：先从计划育苗的地方用铁锹取土，做出宽30cm、高20cm的埂，埂与埂的间距为1m，用耙子耙平床内的土壤，然后将配好的土壤用铁锹放到床上，均匀摊开，土层的厚度为10cm，再用耙子耙平，最后用木板将床面刮平。

(3)撒播：在播种前，用1%高锰酸钾溶液将种子浸泡3min，再将种子与细草炭土搅拌均匀，最后将拌土的种子均匀撒到苗床上。

(4)覆土：播种后将配制好的细土过筛，再往苗床上覆土，覆土的厚度为0.5cm。

(5)浇水：水要浇透。在生产上，通常采用微喷系统或喷壶进行浇水。

(6)育苗管理：保证温室的气温为20~25℃，空气湿度70%~80%，夏天遮光50%，春天遮光30%，冬天不用遮光。在苗长出后，适当控制土壤的湿度。

2. 移栽

(1)配土：先准备好草炭土、园土、沙子(按1∶2∶1比例)，再准备好NPK复合肥(20-10-20)、五氯硝基苯和敌百虫。复合肥的施用量为每立方米500g，五氯硝基苯和敌百虫的用量为每立方米50g。

(2)上盆：移栽前2h先将苗床喷透水，用花铲将种苗带土起出，放至方盘中，置于配好的土壤旁。往营养钵中装入2/3盆土壤，将小苗放入盆中，然后填充基质，用手轻轻压实，再填加土壤。定植的深度要深于原定植深度0.5cm，土壤表面要低于盆顶1~2cm，栽后要立即浇水。

3. 日常管理

（1）温度、湿度和水分管理：温室的气温白天最好控制在 20～25℃，夜温要不低于 15℃，湿度控制在 60%～70%，通常 7～10d 浇一次水比较适宜。夏季最好采用喷灌，冬季用水管进行人工浇水，防止空气湿度过大，以滋生病虫害。

夏天如果室内温度较高时，主要通过外遮阳和高压喷雾来降温；在冬天，可以通过暖气加温来提高温度。

（2）光照：夏季，采用 70% 的遮阳网遮光；春秋季节，采用 30% 的遮阳网遮光。

（3）摘心：当苗长到 10cm 时进行摘心，促使其生 4～6 条侧枝。

（4）施肥：从栽植一周后开始追肥，每 7～10d 施一次肥。在生长前期，可采用有机肥与无机肥相结合的方式进行追肥，施用稀释的饼肥液和硝酸钙、硝酸钾、尿素的混合液，每盆用量一般是硝酸钙 2g、硝酸钾 2g、尿素 2g；在开花前，增施磷、钾肥，减少氮肥使用量，除施用 1 次饼肥外，还要施液态无机肥，通常用硝酸钾和磷酸二氢钾的混合液，每盆用量是硝酸钾 2g、磷酸二氢钾 3g；在开花后，每盆施磷酸二氢钾 2g。在生产上，施肥一般与灌溉结合起来，特别是在夏天，有喷灌系统时，肥料可以配置到施肥罐中，随水喷到营养钵中；在其余季节或未喷灌时，将肥料配制到蓄水池中，用水泵和水管子浇到营养钵中。

4. 病虫害防治

加强对温室的温、湿度控制，加强通风、养护管理。在生长阶段，每周要喷施 1 次广谱性杀菌药，可用 800 倍 75% 百菌清溶液、800 倍 70% 甲基硫菌灵溶液。

常见病虫害及防治方法如下：

（1）立枯病：染病时，植株茎基部呈水渍状黄褐色腐烂，植株倒伏直至死亡。防治方法是在苗期用 1000 倍 30% 恶霉灵溶液或 800 倍 66.5% 霜霉威溶液喷施，二者混合喷施效果更佳。

（2）叶斑病：感病后叶片上出现规则病斑，呈黑褐色，叶面产生黑色小点，严重时叶片变黑、干枯，甚至脱落。主要防治方法是加强通风，降低湿度；发现病叶要及时摘除并销毁；每 3d 喷施一次 800 倍 10% 苯醚甲环唑或 800 倍 43% 戊唑醇溶液，连续喷施 2～3 次，即可达到治愈效果。

（3）蚜虫：主要危害叶片和花蕾，幼叶被蚜虫危害后卷曲变形。主要的防治方法是及时清除杂草；发现蚜虫时喷施 1500 倍 10% 吡虫啉溶液或 600 倍 2.5% 溴氰菊酯溶液。

（4）蛴螬：主要危害根茎，使植株萎蔫枯死。防治方法主要是改良土壤和配制盆土时撒施敌百虫。

（5）蝼蛄：防治方法同蛴螬。

（二）金盏菊生产技术

1. 育苗

（1）配制育苗基质：先将草炭土、珍珠岩、蛭石按 1∶1∶1 混匀，在搅拌时用多菌灵 500 倍液喷施，然后填满穴盘，用木板将穴盘上的基质刮平，稍加镇压，用喷灌系统或喷壶浇透水。

（2）点播：在播种前，用 1% 高锰酸钾溶液将种子浸泡 3min，再将种子点播到穴盘中，每孔一粒种子。

（3）覆土：播种后用筛子装入配好的基质，筛下细土往穴盘上覆土，覆土厚度为 0.5cm。

(4)浇水：要浇透水。在生产上，通常采用微喷系统和喷壶进行浇水。

(5)育苗管理：保证温室的气温为21～24℃，空气湿度60%～70%，夏天炎热时采用30%遮阳网遮光。在苗长出后，适当控制土壤的湿度。

2. 移栽

(1)配土：准备好草炭土、园土、沙子(比例为1:2:1)，再准备好猪粪和NPK复合肥(20-10-20)，以及五氯硝基苯和敌百虫。每立方米土壤的施用量为：猪粪100kg，复合肥500g，五氯硝基苯和敌百虫50g，搅拌均匀。

(2)上盆：先用花铲往营养钵(盆)中装入2/3盆土壤，将小苗从穴盘中轻轻取出，放入盆中，然后填充土壤，用手轻轻压实，再填加土壤。定植的深度以刚好埋没原基质为宜，土壤表面要低于盆顶1～2cm。

3. 日常管理

(1)温度、湿度和水分管理：温室的气温白天最好控制在18～23℃，夜温不要低于15℃，湿度控制在60%～70%，通常盆土干到2/3时浇水即可。在夏季最好使用喷灌浇水，在冬季可以使用水管浇水。在夏天如果室内温度较高时，主要通过外遮阳和喷雾来降温；在冬天，可以通过暖气加温来提高温度。

(2)光照：夏季炎热时，可采用30%的遮阳网遮光；在其余季节，要保证全光照。

(3)摘心：当苗长到4～5片真叶时开始摘心。

(4)施肥：栽植1周后，结合浇水开始追肥。在生长前期，可采用有机肥与无机肥相结合的方式进行追施，每周施1次饼肥和尿素，每盆用量一般是每次饼肥5g、尿素3g；在生长后期，正常施饼肥，停施尿素，改施磷酸二氢钾，每次每盆用量是磷酸二氢钾3g。

4. 病虫害防治

加强对温室的温、湿度控制，加强通风，注意养护管理。在生长阶段，每周要喷施1次广普性杀菌药，可用800倍75%百菌清溶液。

常见病虫害及防治方法如下：

(1)立枯病：染病时，植株茎基部呈黄褐色水渍状腐烂，植株倒伏直至死亡。防治方法是播种前对种子和土壤消毒；感病后要立即用600倍50%扑海因溶液喷施，并用600倍50%多菌灵溶液灌根。

(2)叶斑病：感病后叶片上出现黑色小点，严重时叶片变黑、干枯，甚至脱落。主要防治方法是加强通风，降低湿度；发现病叶要及时摘除并销毁，每3d喷施1次600倍50%扑海因溶液、600倍甲基硫菌灵溶液、800倍10%苯醚甲环唑溶液。

(3)褐斑病：防治方法同叶斑病。

(4)蚜虫：主要危害叶片和花蕾，幼叶被蚜虫危害后卷曲变形。主要的防治方法是及时清除杂草、保持温室卫生；发现蚜虫时喷施3%啶虫脒800倍液或2.5%溴氰菊酯600倍液。

(5)蛴螬：主要危害根茎，使植株萎蔫枯死。防治方法主要是在配制盆土时撒施敌百虫。

(6)蝼蛄：防治方法同蛴螬。

(7)潜叶蝇：可用1000倍50%灭蝇胺溶液喷施。

(三)瓜叶菊生产技术

1. 育苗

(1)土壤改良：先将草炭土、沙子、园土按1:1:1比例均匀混合，在混合过程中将多菌灵和敌百虫用细土混匀，均匀施到土壤上。

（2）作床：先从计划育苗的地方用铁锹取土，做出宽30cm、高20cm的埂，埂与埂的间距为1m，用耙子耙平床内的土壤，然后将配好的土壤用铁锹放到床上，均匀摊开，土层的厚度为10cm，再用耙子耙平，最后用木板将床面刮平。

（3）撒播：在播种前，用1%高锰酸钾溶液将种子浸泡3min，再将种子均匀地与细沙搅拌，最后将拌沙子的种子均匀撒到苗床上。

（4）覆土：播种后将配制好的细土过筛，再往苗床上覆土，覆土的厚度以不见种子为度。

（5）浇水：要浇透水。在生产上，通常采用微喷系统或喷壶进行浇水。

（6）育苗管理：保证育苗温室的气温为17~22℃，空气湿度80%~90%，春秋遮光30%，冬天不用遮光。在幼苗长出后，适当控制土壤的湿度。

2. 移栽

（1）配土：先准备好草炭土、园土、沙子（比例为1:2:1），再准备好猪粪和NPK复合肥（16-16-16），以及五氯硝基苯和敌百虫。每立方米土壤的施用量为：猪粪100kg，五氯硝基苯和敌百虫50g，搅拌均匀。

（2）上盆：移栽前2h先将苗床喷透水，用花铲将种苗带土起出，放至方盘中，送至配好的土壤旁，往营养钵中装入2/3盆土壤，将小苗放入盆中，然后填充土壤，用手轻轻压实，再填加土壤。定植的深度要深于原定植深度0.5cm，土壤表面要低于盆顶1~2cm。

3. 日常管理

（1）温度、湿度和水分管理：温室的气温要控制在5~15℃，湿度控制在60%~70%，稍微见干就浇水。通常采用水管浇水，在花芽分化前2周减少浇水。在冬天，可以用热风炉或火墙加温，达到5℃以上即可。

（2）摘心：当苗长到8片真叶时开始摘心，摘掉4片叶，留4片叶，连续摘心2次。

（3）换盆：当根系充满盆内时，换盆。先在新盆中装1/3盆土，再将植株倒出，放入新盆，填入新土，培土厚度与原培土高度持平。

（4）摘侧芽：植株基部萌发的侧芽要及时摘掉。

（5）施肥：从栽植2周后开始追肥，每15d施1次肥，花芽分化前2周停止施肥。在生长期，可采用有机肥与无机肥相结合的方式进行追肥，施用稀释的饼肥液和硝酸钙、尿素、磷酸二氢钾混合液，每盆用量一般是硝酸钙2g、尿素2g、磷酸二氢钾2g。在生产上，施肥一般与灌溉结合起来，肥料可以在施肥罐或蓄水池中配置，随灌溉水浇到盆中。

4. 病虫害防治

加强对温室的温、湿度控制，加强温室的通风，加强植株的栽培管理。在生长阶段，每周要喷施1次广普性杀菌药，如800倍75%百菌清溶液、600倍70%甲基硫菌灵溶液。

常见病虫害防治方法如下：

（1）叶斑病：感病后叶片上出现黑褐色或黄褐色斑，叶面产生黑色小点，严重时叶片变黑、干枯，甚至脱落。主要防治方法是加强通风，降低湿度；发现病叶要及时摘除并销毁，及时喷施800倍10%苯醚甲环唑溶液或600倍50%扑海因溶液。

（2）褐斑病：防治方法同叶斑病。

（3）蚜虫：主要危害叶片，幼叶被蚜虫危害后卷曲变形。主要的防治方法是及时清除杂草；发现蚜虫时喷施50%辛硫磷乳油800倍液、600倍2.5%溴氰菊酯溶液或3%啶虫脒800倍液。

(4)蛴螬：主要危害根茎，使植株萎蔫枯死。防治方法主要是在改良土壤和配制盆土时撒施敌百虫。

(5)蝼蛄：防治方法同蛴螬。

(四)彩叶草生产技术

1. 育苗

(1)土壤改良：先将草炭土、沙子、园土按1:1:1比例均匀混合，在混合过程中将多菌灵和甲拌磷用细土混匀，再均匀撒施到土壤上。

(2)作床：先从计划育苗的地方用铁锹取土，做出宽30cm、高20cm的埂，埂与埂的间距为1m，用耙子耙平床内的土壤，然后将配好的土壤用铁锹放到床上，均匀摊开，土层的厚度为10cm，再用耙子耙平，最后用木板将床面刮平。

(3)撒播：在播种前，用1%高锰酸钾溶液将种子浸泡3min，再将种子与细沙均匀地搅拌，最后将拌沙的种子均匀撒到苗床上。

(4)覆土：播种后，将配制好的细土过筛，再往苗床上覆土，覆土的厚度以不见种子为度。

(5)浇水：要浇透水。在生产上，通常采用微喷系统进行浇水。

(6)育苗管理：保证温室的气温为25~30℃，空气湿度70%~80%，夏天遮光50%，春天遮光30%，冬天不用遮光。在苗长出后，适当控制土壤的湿度。

2. 移栽

(1)配土：先准备好草炭土、园土、沙子(比例为1:2:1)，再准备好猪粪和NPK复合肥(20-10-20)，以及五氯硝基苯和甲拌磷每立方米土壤的施用量为：猪粪100kg，五氯硝基苯和甲拌磷50g，搅拌均匀。

(2)上盆：移栽前2h先将苗床喷透水，用花铲将种苗带土起出，放至方盘中，送至配好的土壤旁边，往营养钵中装入2/3盆土壤，将小苗放入盆中，然后填充基质，用手轻轻压实，再填加土壤。定植的深度深于原定植深度0.5cm，土壤表面要低于盆顶1~2cm。

3. 日常管理

(1)温度、湿度和水分管理：温室的气温白天最好控制在20~25℃，夜温不要低于15℃，湿度控制在60%~70%，通常见干浇水比较适宜。夏季最好采用喷灌，冬季使用水管进行人工浇水。夏天室内温度较高时，主要通过外遮阳和喷雾来降温；在冬天，可以通过暖气加温来提高温度。

(2)光照：在夏季高温季节，可采用30%的遮阳网遮光；在其余季节，可以不用遮光。

(3)摘心：当幼苗长到8片真叶时开始摘心，摘掉顶芽。根据需要植株大小，还要重复摘心。若培养圆锥形植株，则主干可不摘心，但侧枝要进行多次摘心。

(4)施肥：从移栽两周后开始追肥，每15d施1次肥。在生长期，可采用有机肥与无机肥相结合的方式进行追肥，施用稀释的饼肥液和硝酸钙、硝酸钾、尿素混合液，每盆用量一般是硝酸钙2g、硝酸钾2g、尿素2g。在生产上，施肥一般与灌溉结合起来，特别是在夏天，有喷灌系统时，肥料可以配置到施肥罐中，随水喷到营养钵中；在其余季节或没有喷灌时，可将肥料配制到蓄水池中，用水泵和水管浇到营养钵中。

(5)换盆：当根系充满盆内时，换盆。先将新盆装满1/3盆土，再将植株倒出，放入新盆，填入新土，培土厚度与原培土高度持平。

4. 病虫害防治

加强对温室的温湿度控制，加强通风，注意养护管理。在生长阶段，每周要喷施1次广普性杀菌药，如600倍3%恶甲水剂溶液或800倍75%百菌清溶液。

常见病虫害防治方法如下：

（1）立枯病：染病时，植株茎基部呈黄褐色水渍状腐烂，植株倒伏直至死亡。防治方法是播种前对种子和土壤消毒；感病后，喷施1000倍30%恶霉灵溶液或800倍66.5%霜霉威溶液灌根。

（2）叶斑病：感病后叶片上出现黑褐色或黄褐色病斑，叶面产生黑色小点，严重时叶片变黑、干枯，甚至脱落。主要防治方法是加强通风，降低湿度；发现病叶要及时摘除并销毁，同时喷施600倍70%甲基硫菌灵溶液或800倍43%戊唑醇溶液。

（3）蚜虫：主要危害叶片，幼叶被蚜虫危害后卷曲变形。主要的防治方法是及时清除杂草；发现蚜虫时喷施50%辛硫磷乳油800倍液或2.5%溴氰菊酯600倍液。

（4）蛴螬：蛴螬主要危害根茎，使植株萎蔫枯死。防治方法主要是配制盆土时撒施甲拌磷；在生长过程中发现，可以撒施敌百虫。

四、实训质量要求与考核标准

（一）实训质量要求

实训内容应与生产密切结合，并且对应当地的生产季节。每项内容都要求学生能独立操作，并能与组内同学分工合作。

（二）实训考核标准

1. 一串红、金盏菊考核标准

分组考核，每组5人，每组播种1.5g，每人上盆及养护20盆。

（1）结果考核：出苗率达到70%并且商品花达到70%得满分，任何一项降低1个百分点降低1分。

（2）过程考核：考核标准（表6-1）。

（3）考核时间：总计90min。

表6-1 一串红、金盏菊生产技术考核标准

序号	考核内容	考核标准	分值（分）	得分	考核时间（min）
1	配制育苗土	基质选择正确，比例合理	10		5
2	播种及覆土	方法正确，覆土厚度合理	20		15
3	配制盆土	基质选择正确，比例合理	10		15
4	上盆	方法正确，培土深度合理	10		15
5	水分管理	浇水及时合理	10		10
6	温、湿度管理	温、湿度控制合理	10		10
7	营养管理	肥料搭配、用量合理	20		10
8	摘心	时机合适，技术运用得当	10		10
	合计		100		90

2. 瓜叶菊、彩叶草考核标准

分组考核，每组5人，每组播种1g，每人上盆及养护20盆。

（1）结果要求：出苗率达到60%并且商品花达到70%得满分，任何一项降低1个百分点降低1分。

（2）过程考核：考核标准（表6-2）。
（3）考核时间：总计90min。

表6-2　瓜叶菊、彩叶草生产技术考核标准

序号	考核内容	考核标准	分值（分）	得　分	考核时间（min）
1	配制育苗土	基质选择正确，比例合理	10		5
2	播种及覆土	方法正确，覆土厚度合理	20		15
3	配制盆土	基质选择正确，比例合理	10		15
4	上　盆	方法正确，培土深度合理	10		15
5	水分管理	浇水及时合理	10		10
6	温、湿度管理	温、湿度控制合理	10		10
7	营养管理	肥料搭配、用量合理	20		10
8	摘　心	时机合适，技术运用得当	10		10
		合　计	100		90

实训7 切花生产技术

一、实训目的

通过此项训练让学生掌握百合切花、郁金香切花、菊花切花、月季切花生产技术和规程，使学生能独立进行百合切花、郁金香切花、菊花切花、月季切花生产。

二、实训工具与材料

（1）工具：旋耕机、硫磺熏蒸器、铁锹、平耙、花铲、手锄、镰刀、剪枝剪、喷雾器、米尺、测绳、量筒、天平、工作台等。

（2）材料：百合种球、5℃郁金香种球、菊花种苗、月季种苗、草炭土、沙子、牛粪、硝酸钙、硝酸钾、硼砂、尿素、硫酸镁、磷酸二铵、五氯硝基苯、扑海因、3%恶甲水剂、农用链霉素、甲基硫菌灵、咪鲜胺、腈菌唑、多菌灵、戊唑醇、氟菌唑、包装袋、皮套、纸箱、铁网、铁管等。

三、重点掌握的技能环节

（一）百合切花生产技术

1. 种球贮藏

百合种球长期贮藏，要用塑料薄膜包装（要有透气孔），里面填充稍微潮湿的草炭土。百合种球贮藏室的温度要求如下：

亚洲杂种 -2℃；东方杂种 -1.5℃；麝香百合杂种 -1.5℃。

百合种球在冷藏室的摆放要求箱与箱之间及堆与堆之间要有适当的空间，整个冷藏室必须要有一致的空气环流。未冷冻的百合和已解冻的百合仅能短期贮藏，在0~5℃条件下，最长可贮藏1周时间，如果是解冻的百合，必须立即种植完。

2. 种植

（1）改良土壤：在生产上，通常对表土熟化不够的土壤用草炭土、沙子来改良，将草炭土和沙子按每$100m^2$土壤$6\ m^3$和$4\ m^3$的量均匀撒到计划种植的土地上。

（2）施基肥：在实际生产中，一般采取有机肥和无机肥相结合的方式施基肥，每$100m^2$土壤施$1\ m^3$腐熟的牛粪和$5kg$磷酸二铵。

（3）旋耕：在施有机肥和改良基质之前，先用旋耕机将土壤旋耕，打碎土块，旋耕的深度在20 cm以上。然后将有机肥和改良基质按比例均匀撒上，再将土壤旋耕至少3次。

（4）土壤消毒和杀虫：按每$100m^2$ 250g五氯硝基苯和500g甲拌磷的量，用沙子将其混匀，在旋耕之前均匀撒到土壤上。

（5）平整土地：旋耕土地之后，用耙子将土地整平，同时将杂物和大的土块清理干净。整地之后，用水管对土壤进行喷水，水要喷透。

(6) 种球消毒：计算某个时间段计划栽植百合种球的数量，按计划量将百合种球从贮藏室取出，在阴凉地方缓慢充分解冻。待全部解冻之后，将百合种球小心挑选出来，最后放入配制好的消毒溶液中消毒 3~5min。消毒溶液为 3% 恶甲水剂 500 倍液、50% 扑海因粉剂 600 倍液、72% 农用链霉素 1000 倍液的混合溶液。

(7) 栽植密度：栽植的密度要根据栽培品种、种球的大小以及栽植的季节具体定。以 Siberia(14/16) 为例，栽植的密度为 36 粒/m²。表 7-1 列出了各种群不同规格的球根的栽植密度。

表 7-1　不同种群和不同规格的球根的栽植密度　　　　　　粒/m²

种群	规格(cm)				
	10~12	12~14	14~16	16~18	18~20
亚洲杂种	60~70	55~65	50~60	40~50	25~35
东方杂种	45~55	40~50	35~45	30~40	
麝香杂种	55~65	45~55	40~50	35~45	
麝香/亚洲杂种	50~50	40~50	40~50		

(8) 种植及覆土：按栽植床的规格，量出计划栽植百合的苗床和作业道的位置，将栽植床底耙平，然后用花铲按一定的株行距刨坑，再将百合种球放至坑内，覆土。覆土的厚度根据季节而定，球根上方土层的厚度在冬天为 6~8cm，夏天为 8~10cm。覆土时用的土壤是下一苗床的表土。栽植下一床时直接将床底耙平，依此类推。栽植百合种球时要注意避开光照强和温度高的时间段。种球需要简单覆盖，避免阳光直射。

(9) 作床：栽植床采用高床，床面宽 1m，作业道宽 30cm。先在栽植前量出苗床的位置，种植和覆土后，用铁锹挖好作业道，将作业道的土放至苗床上，最后用耙子将床面耙平。

(10) 覆盖：作床之后，将稻草覆盖到床面上，厚度为 2~3 cm。

3. 日常管理

(1) 水分管理：栽植前几天用水管或喷灌系统喷透栽植床。定植后立即浇水，至出苗前再浇 1~2 次透水。在百合的生长期，要经常检查土壤的湿度是否达到要求，最简单的一个方法就是将土壤攥在手心挤压，若几乎能见水滴则表明土壤湿度适宜，否则立即浇水。浇水的最好时间是早上，切忌在中午烈日、高温时浇水。最好选择滴灌方式。

(2) 光照管理：在光照强度最大的夏季，将亚洲百合和麝香百合的杂种遮去 50% 的光照，东方百合杂种遮去 70% 的光照；在春秋季节，东方百合杂种遮去 50% 的光照，亚洲百合杂种不用遮光。

(3) 温度管理：在百合生长的前 1/3 生长周期内或至少在茎生根长出之前，温室的气温尽量控制在 12~13℃。亚洲百合杂种在余下的生长期温度要控制在 10~25℃，东方百合杂种应保持在 14~25℃，麝香百合杂种应保持在 13~25℃。在夏季要采取一些降温的措施，如外遮阳、喷雾、使用水帘和风扇降温系统；在冬季，要采用暖气、热风炉等加温设施来提高温度。

(4) 湿度管理：控制温室相对湿度在 80%~90%。采取通风的方法降低温室的湿度，要在室外湿度较高的早晨进行缓慢通风。

(5) 松土除草：必须及时松土除草。在百合生长初期，除草时要注意不能损伤幼茎，不宜太深，防止伤及鳞片和根系；当百合茎叶生长繁茂时，一般不需要进行松土除草，以免损伤花茎。

(6) 张网立桩：通常在百合植株高 30cm 时开始张网，以苗床为单位，在苗床的 4 个角立上桩，再在苗床面上拉支撑网，使植株全处于网格内。随着植株的生长要不断提高网的位置。

(7) 施肥管理：在百合生长前期，可采用有机肥与无机肥相结合的方式进行追肥。每 2 周施 1 次稀释的饼肥液。每周施 1 次硝酸钙、硝酸钾、硫酸钾、尿素混合液，用量一般是每 100m^2 施硝酸钙 1kg、硝酸钾 300g、硫酸钾 200g、尿素 200g。在百合现蕾至采收这段时期，除施用 2 次饼肥外，还要施液态无机肥，但要降低氮肥的使用量，一般使用硝酸钾和磷酸二氢钾的混和液，用量是每 100m^2 硝酸钾 1kg、磷酸二氢钾 500g、硫酸钾 200g。在施肥的过程中，还要注意微量元素的补充。要经常对植株施螯合铁和硼砂。硼砂一般在每次施肥过程中追加进去，用量是每 100 m^2 5g。植株如果出现黄化病，要及时喷施 600 倍螯合铁溶液。

追肥在生产上一般与灌溉结合起来，特别是有滴灌系统时，肥料可以配置到滴肥罐和蓄水池中，随浇水施肥。

4. 病虫害防治

(1) 百合灰霉病：是百合病害中危害最严重、分布最普遍的一种病害，主要发生在叶、茎和花蕾上。常危害幼嫩茎叶的顶部，使生长点变软、腐烂；在叶上则形成黄色或褐色圆形斑点；在花蕾发病则产生褐色斑点，并逐渐扩大，腐烂成粘连状，湿度大时病斑上产生灰色的霉。防治方法是注意加强温室的通风，保证适宜百合生长的温度和湿度；一旦发现产生灰霉的病叶，应立即剪除，并焚烧，要及时喷洒药剂，可采用 800 倍 65%甲基硫菌灵和乙霉威的混合溶液或 800 倍 40%嘧霉胺溶液或 800 倍 50%腐霉利溶液喷施。

(2) 百合茎腐病：是百合经常发生的一种病害，发病首先从地下部分开始，在地下，褐色的斑点首先出现在鳞片顶部、侧面或鳞片与基盘连接处，逐渐开始腐烂。如果基盘和鳞片在基部被侵染，鳞片即会腐烂。在茎的地下部分，出现橙色到黑褐色的斑点，之后病斑扩大，扩展到茎内部，继续腐烂，至最后植株未成年死亡。染病植株在地上部分表现为基部叶片未成年就变黄，然后变成褐色而脱落。防治方法是种植之前要做好种球消毒和土壤消毒工作；种植前后要保证适宜的土壤湿度；当植株长到 20cm 高时要经常检查地下茎部分是否有橙色或黄褐色斑点，若有，要及时用药剂灌根，灌根的药物一般用 500 倍 3%恶甲水剂与 400 倍 50%福美双混合溶液或 400 倍 50%多菌灵溶液。

(3) 百合炭疽病：这种病主要危害叶片、花和球根。在叶片上发病会产生椭圆形淡黄色周围黑褐色而中间淡黄色稍下凹的斑点；花瓣发病产生椭圆形的病斑；花蕾发病则产生几个至十几个卵圆形或不规则形、周围黑褐色中间淡黄色下凹的病斑，成熟后病斑中央稍透明。茎叶发病时遇水产生黑色小点，叶片最后全部脱落。防治方法是种植之前要进行种球消毒和土壤消毒；加强通风，加强栽培管理。发病之后要进行药剂喷施，常用的药剂是 600 倍 25%咪鲜胺溶液或 800 倍 75%百菌清溶液或 600 倍 70%甲基硫菌灵溶液，3d 喷施 1 次，连续 2~3 次。

(4) 叶焦枯：叶片焦枯在未见到花芽时发生。首先幼叶稍向内卷曲，数天之后，焦枯的叶片上出现绿黄色至白色的斑点。若叶片焦枯较轻，植株还可继续正常生长；若植株叶片焦枯很严重，白色斑点可转变成褐色，伤害发生处，叶片弯曲，发生腐烂。防治的方法是种植之前应湿润土壤；最好不用易受感染的品种，若只能采用此类品种，也应尽量不用大鳞茎种球；种植的深度要适宜；避免温室中的温度和相对湿度起伏过大；防止植株过速生长；确保植株的蒸腾量稳定，可以通过遮阳和喷水加以调节。

（5）蚜虫：对百合的危害最为普遍，主要危害叶片和花蕾。幼叶被蚜虫危害后卷曲变形；花蕾受蚜虫侵害后，产生绿色斑点，开花时绿色斑点仍存在，花多畸形。主要的防治方法是及时清除杂草；发现蚜虫时喷施50%辛硫磷乳油800倍液或2.5%溴氰菊酯600倍液或10%吡虫啉1500倍液。

（6）蝼蛄：主要危害百合鳞茎，咬食根系，使植株萎蔫枯死。防治方法主要是种植百合之前撒施甲拌磷；及时清除杂草，保持温室清洁；若在百合生长过程中发生，可以撒施敌百虫或阿维菌素颗粒。

5. 采收、加工与贮藏

（1）采收：百合植株若有4个以下花蕾，有1个花蕾着色即可采收；若有5~10个花蕾，有2个花蕾着色即可采收。要在早晨或傍晚采收。

（2）加工：采收后，按照《国家百合切花质量等级标准》对百合切花进行分级和包装（表7-2）。先去掉距枝条基部10cm内的叶片，然后10枝1扎，捆绑成束。捆绑完之后，采用塑料透明包装袋包住花蕾和上部叶片，再用剪子剪齐茎基部。注意整个加工过程，最多1h。

表7-2 东方型百合切花质量等级标准

级别	项 目		
	一级品	二级品	三级品
花	花色纯正、鲜艳具光泽、花形完整均匀，花蕾数目≥7	花色良好、花形完整，花蕾数目≥5	花色良好、花形完整，花蕾数目≥3
花茎	挺直、强健、有韧性、粗细均匀一致，长度≥80cm	挺直、强健、有韧性、粗细较均匀。长度≥70~79cm	略有弯曲，较细弱，粗细不均。长度50~69cm
叶	亮绿、有光泽；完好整齐	亮绿、有光泽；较完好整齐	褪色
装箱容量	每10支捆为1扎，每扎最长切花枝与最短切花枝相差不超过1cm	每10支捆为1扎，每扎长短花枝相差不超过3cm	每10支捆为1扎，每扎中长短切花枝相差不超过5cm

（3）贮藏：加工完之后，应将百合切花直接放入清洁的、预先冷却的水中，再放进冷藏室。水和冷藏室的温度最好为2~3℃，处理得时间越长越影响切花的品质和瓶插寿命。

（二）郁金香切花生产技术

1. 定植

（1）土壤改良：在生产上，对于较黏重土壤通常用草炭土、沙子来改良土壤，具体用量为每100m² 土壤均匀撒2 m³草炭土和3 m³沙子。

（2）土壤消毒：每100m² 均匀撒施250g 五氯硝基苯和500g甲拌磷。这些药剂先用沙子混匀，然后在旋耕之前均匀撒到土壤上。

（3）旋耕：用旋耕机将基质旋入土壤中，搅拌混匀，打碎土块。旋耕的深度为15cm以上，旋耕至少4次。

(4)平整土地：旋耕后，用耙子将土地整平，同时将杂物、大的土块清理干净，然后用喷灌或水管浇透水。

(5)种球处理：将种球从贮藏室取出之后，小心去除包裹在球根上的褐色表皮，再放至配制好的消毒溶液中消毒 3~5min，消毒溶液为 500 倍 3% 恶甲水剂、600 倍 50% 扑海因粉剂和 1000 倍 72% 农用链霉素的混合溶液。

(6)栽植密度：在生产上，密度通常为 81 粒/m^2。

(7)种植及覆土：按栽植床的规格，量出计划栽植郁金香的苗床和作业道的位置，将栽植床底用耙子耙平，然后用花铲按一定的株行距刨穴，再将种球放至穴内，最后覆土，覆土的厚度以土壤刚刚没过种球为宜。覆土时用的土壤是下一苗床的表土。再栽植下一床时直接将床底耙平，依此类推。栽植郁金香种球时要注意避开强光照和高温的时段。种球需要简单覆盖，避免阳光直射。

(8)作床：栽植床一般采用高床，床面宽 1m，作业道宽 30cm。在栽植前预先量出苗床的位置，在种植和覆土后，再用铁锹挖好作业道，将作业道的土放至苗床上，最后用耙子将床面耙平。

2. 日常管理

(1)水分管理：种植前几天应采用喷灌或水管喷淋土壤，使土壤湿润。定植之后立即浇水，至出苗前再浇水 1~2 次，确保浇透。在生长期，要根据土壤的具体湿度来确定是否浇水，最简单的一个方法就是将土壤攥在手心挤压，若几乎能挤出水滴则表明土壤湿度适宜，否则立即浇水。浇水的最好时间是早上，这样到傍晚温室的湿度就可以降低，切忌在中午烈日、高温时浇水。在生产上，通常采取的灌溉方式是滴灌。

(2)光照管理：在生产上，郁金香的种植时间一般是冬季，此时光照完全适合郁金香生长的需要，不必对光照强度加以调节。

(3)温度管理：定植后的 2 周，土壤温度应保持在 9~12℃；2 周后，温室的温度可逐渐升高到 15~22℃；3~4 周后，温度提高到 17~25℃。

(4)湿度管理：温室的相对湿度要控制在 70% 以下，绝不可超过 80%。相对湿度应避免波动过大，变化应缓慢进行，最好在室外湿度较高的早晨开始进行缓慢通风。

(5)松土除草：必须及时松土除草，除草时要注意不能损伤植株，除草不宜太深。当生长繁茂时，一般不需要进行松土除草，以免损伤花茎。

(6)施肥：在鳞茎生根后，要适当补充一些氮肥，通常每 100 m^2 施 2kg 的硝酸钙，分 3 次施入，每周施 1 次。

3. 病虫害防治

从郁金香植株长到 5cm 开始，就要进行病虫害防治，除要加强温室的通风和控制温室的温度外，还要每周对植株进行药剂喷施。药剂一般为广普性杀菌药，如 600 倍 3% 恶甲水剂溶液。

常见的病虫害及防治方法如下：

(1)灰腐病：是郁金香经常发生的病害之一，危害叶、枝条、花蕾、鳞茎。最初叶片边缘出现灰色和黄色斑点，后逐渐蔓延至叶面，致使植株发育不良或死亡。防治方法是加强温室的通风；一旦发现病叶，应立即剪除，并焚烧；及时喷洒药剂，采用 600 倍 50% 腐霉利溶液或 800 倍 40% 嘧霉胺溶液，3d 喷施 1 次，连续 2~3 次，即可达到治愈的效果。

(2)花叶病毒病：这是郁金香经常发生的一种病害，主要危害花蕾和叶片，表现为部分叶片变成淡黄绿色花叶,或部分叶片外侧产生红色花斑,花被产生褐色斑或细条纹。防治方法是防止蚜虫大量发生,消灭螨和各种刺吸式口器昆虫;在发现病症以后,立即将病株拔除烧毁;防止植株受伤。

(3)褐色斑点病和灰霉病:两者的病症相似,发病时,在叶片上形成椭圆形灰色或淡褐色小病斑,其周围出现暗绿色或淡褐色边缘,严重时数个小病斑相连形成大病斑。发现病害后应及时喷施600倍50%扑海因溶液或800倍65%甲基硫菌灵与乙霉威的混合溶液。

(4)蚜虫:对郁金香的危害最为普遍,主要危害叶片和花蕾。防治方法是及时清除杂草;发现蚜虫时喷施50%辛硫磷乳油800倍液或25%溴氰菊酯600倍液。

(5)蝼蛄:主要危害郁金香的鳞茎,咬食根系,使植株萎蔫枯死。防治方法主要是种植之前撒施甲拌磷;及时清除杂草,保持温室清洁;若在郁金香生长过程中发生可撒施毒斯蚍颗粒。

4. 采收、加工与贮藏

(1)采收:当花苞刚刚透色时,便可采收,通常是采收整个植株,包括鳞茎。

(2)加工:采收后,按照花的颜色、植株的长度以及叶子与花蕾是否畸形对切花进行分级,10枝1扎,捆绑成束,捆扎的位置应在花茎下部1/3处。捆绑后,立即用塑料包装袋进行包装。

(3)贮藏:包装后,立即将郁金香切花放入2~5℃清洁的水中浸泡30~60min,再放进冷藏室,水和冷藏室的温度最好为2~3℃,冷藏时间不要超过1周。

(三)菊花(秋菊)切花栽培技术

1. 种植

(1)土壤改良:黏重的土壤一般用草炭土与沙子进行改良,具体用量一般为每100m² 土壤用5 m³ 沙子。

(2)施基肥:在实际生产中,一般采取有机肥和无机肥相结合的方式施基肥,如100m² 土壤施1m³ 腐熟的猪粪或牛粪和10kgNPK复合肥(15-15-15),这些肥料在种植之前要均匀撒到土壤上。

(3)土壤消毒:100m² 土壤中均匀撒施250g五氯硝基苯和500g甲拌磷进行消毒。施用的方法是先用沙子混匀,然后在旋耕之前均匀撒到土壤上。

(4)旋耕:用旋耕机将草炭土、沙子、肥料和药剂旋入土壤中,搅拌混匀,打碎土块,旋耕的深度至少20cm,旋耕至少4次。

(5)平整土地:旋耕完土地之后,用耙子将土地整平,同时将杂物、大的土块清理干净。

(6)作床:栽植床一般采用高床,要求床面宽1m,作业道宽50cm,床的高度为10cm。首先用皮尺量出第一个床的尺寸,用铁锹将作业道内的土均匀铲到作业道两边的床上,再用耙子将床面耧平,下一个床依此类推。

(7)润湿苗床:在正式定植前3d,用喷灌系统或水管对苗床进行喷水,使苗床的含水量达到饱和。

(8)覆膜:苗床润湿2d后,用地膜将苗床和垄沟全部覆盖。

(9)张网立桩:将规格为12cm×12cm的8孔铁网展开,平铺到苗床上,在苗床的4个角立上铁管。随着植株的生长要不断提高网的位置。

（10）栽植：先用花铲在网格中央扎一个窟窿，刨穴，然后将种苗的根系伸展放至穴中，再用手培土，轻轻一按，再培土，培土深度深于原培土深度1cm即可。

2. 日常管理

（1）水分管理：在生产上，通常采用滴灌方式浇水。定植之后，要立即浇水。缓苗期，通常2d浇1次水，1周后适当控水；生长期，通常1周浇1次水；开花期，要减少浇水的次数。浇水的最好时间是早上，切忌在中午烈日、高温时浇水。

（2）光照与光周期调节：在定植和缓苗期，除冬季外，都必须用50%的遮阳网遮光。其他生长季节，只有在夏季才采取遮阳，遮光量为30%，方式为外遮阳。

在生产上，延迟花芽分化必须保证每天光照长度13h以上，若光照不足，就必须采用人工补光延长光照，采取的措施是在温室内安装补光系统，每10m²安装1个100W的白炽灯泡，每排灯泡交错，最好在半夜补光；促进花芽分化必须保证每天光照长度在11h以下，若光照超长，就必须采用人工遮光缩短光照，采取的措施是在温室上安装遮光系统，通常用银白色遮光膜早晚遮光，遮光或停止人工补光从植株长到50cm时开始至采收结束。

（3）温度管理：温室的温度最好控制在17~25℃，夜晚的温度不能低于13℃，花芽分化期间夜温最好保持在17℃以上，但绝不能低于15℃，白天的温度要尽量控制在30℃以下。

在温室中种植菊花，夏季应尽量采取一些降温的措施，如使用遮阳网、高压喷雾、水帘和风扇降温系统；冬季，要采取加温和保温措施，如用暖气加温和用二层膜保温。

（4）湿度管理：温室的相对湿度要控制在60%~70%，主要通过通风来调节相对湿度，放风应从上午缓慢开始。

（5）施肥：从栽植1周后开始追肥，每7~10d施1次肥，切花采收前2周停止施肥。在菊花生长前期，可采用有机肥与无机肥相结合的方式进行追肥，每2周施1次稀释的饼肥液，每周施1次硝酸钙、硝酸钾、尿素、硼砂的混合液，用量一般是每100m²土壤施用硝酸钙1kg、硝酸钾500g、尿素500g、硼砂5g；在菊花生长后期，进入花芽分化阶段，尤其在孕蕾期间，应增施磷、钾肥，减少氮肥施用量，除施用2次饼肥外，还要施液态无机肥，通常使用硝酸钾和磷酸二氢钾的混和液，用量是每100m²土壤施用硝酸钾1kg、磷酸二氢钾1kg、硼砂5g。施肥在生产上一般与灌溉结合起来，特别是有滴灌系统时，肥料可以配制到滴肥罐和蓄水池中，随滴水浇肥。

（6）抹芽：独轮菊在生长过程中不断萌发侧芽，发现侧芽要及时抹除，尽量不要留有芽痕；多头菊在侧芽长出3~5cm时，抹掉中央的冠芽。

3. 病虫害防治

在菊花大面积生产中，要注意控制温室的温、湿度，加强通风，尤其要加强温室内的空气流通。通常在温室中安装风扇，主要在夜间使用，尤其是在冬季和遮光期间，风扇的使用更重要。在防治虫害方面，主要采取在温室的窗户、门以及放风口安装防虫网的方法。

（1）菊花锈病：是菊花生产中最易感染的病害，也是在生产中重点防治的病害。主要表现为发病后叶片的背面密生白色或橙黄色小斑点，并逐渐扩大，表皮破裂后散出橙黄色粉末，最终导致叶片枯黄脱落。防治方法是加强通风，降低湿度；每周喷施1次500倍15%粉锈宁溶液；发现病叶要及时摘除并销毁，每3~5d喷施1次800倍12.5%腈菌唑溶液。

(2)菊花叶斑病:感病后叶片上出现黑褐色或黄褐色病斑,叶面产生黑色小点,严重时叶片变黑、干枯,甚至脱落。主要防治方法是加强通风,降低湿度;发现病叶要及时摘除并销毁,每3~5d喷施1次800倍43%戊菌唑溶液或600倍70%甲基硫菌灵溶液。

(3)菊花黑斑病:发病时叶片上出现不规则、圆形或轮纹状斑点,开始为黄色,逐渐凹陷转为黑褐色,后期病斑转为灰白色,最终导致叶片脱落。防治方法同叶斑病。

(4)蚜虫:对菊花的危害最为普遍,主要危害叶片和花蕾。幼叶被蚜虫危害后卷曲变形;花蕾受蚜虫侵害后,产生绿色斑点,花朵畸形。主要的防治方法是及时清除杂草;发现蚜虫时喷施10%吡虫啉1500倍液或25%溴氰菊酯600倍液。

(5)蛴螬:主要危害菊花根茎,使植株萎蔫枯死。主要防治方法是种植前撒施甲拌磷;在生长过程中撒施敌百虫。

除此之外,危害菊花的还有潜叶蝇、蜗牛等害虫,可使用灭蝇胺、阿维菌素、溴氰菊酯等杀虫剂进行防治。

4.采收、加工与贮藏

(1)采收:尽量在清晨或傍晚采收。早春及晚秋季节,花开四至五成时采收;夏季温度较高时,花开一至三成时采收;远程运输者在花开一成,即有1片舌状花外展时采收。采花的位置在距离枝条基部10cm以上的部位。

(2)加工:采收后,按照《国家菊花切花产品质量等级标准》对菊花切花进行分级和处理(表7-3)。去掉枝条基部10cm的叶子和刺,然后扎捆绑成束,用剪刀剪齐茎基部。

表7-3 菊花切花产品质量等级标准

	评价项目	一级	二级	三级	四级
1	整体感	整体感、新鲜程度极好	整体感、新鲜程度极好	整体感、新鲜程度极好	整体感、新鲜程度一般
2	花形	花形完整优美,花朵饱满,外层花瓣整齐,最小花直径14cm	花形完整,花朵饱满,外层花瓣整齐,最小花直径12cm	花形完整,花朵饱满,外层花瓣有轻微损伤,最小花直径10cm	花形完整,花朵饱满,外层花瓣有轻微损伤
3	花色	鲜艳、纯正、带有光泽	鲜艳、纯正	鲜艳,不失水,略有焦边	花色稍差,略有褪色,有焦边
4	花枝	①坚硬、挺直,花颈长5cm以内,花头端正 ②长度85cm以上	①坚硬、挺直,花颈6cm以内,花头端正 ②长度75cm以上	①挺直 ②长度65cm以上	①挺直 ②长度60cm以上
5	叶	①厚实,分布匀称 ②叶色鲜绿有光泽	①厚实,分布匀称 ②叶色鲜绿	①叶长厚实,分布稍欠匀称 ②叶色绿	①叶片分布欠匀称 ②叶片稍有褪色
6	病虫害	无购入国家或地区检疫的病虫害	无购入国家或地区检疫的病虫害,无明显病虫害斑点	无购入国家或地区检疫的病虫害,有轻微病虫害斑点	无购入国家或地区检疫的病虫害,有轻微病虫害斑点
7	装箱容量	①依品种12支捆绑成扎,每扎中花枝长度最长与最短的差别不可超过3cm ②切口以上10cm去叶	①依品种12支捆绑成扎,每扎中花枝长度最长与最短的差别不可超过5cm ②切口以上10cm去叶	①依品种12支捆绑成扎,每扎中花枝长度最长与最短的差别不可超过10cm ②切口以上10cm去叶	①依品种12支捆绑成扎,每扎基部切齐 ②切口以上10cm去叶

（3）贮藏：加工完之后，应将菊花切花直接放入清洁的、预先冷却的水中，再放进冷藏室。水和冷藏室的温度最好为 2~3℃，在 0~4℃ 也可。贮藏的时间不超过 2 周。

5. 种苗生产

（1）培养母株：母株的生产技术与菊花（秋菊）切花栽培技术 1、2、3 大致相同。母株种苗尽量采用经过春化处理的脚芽，并且在苗长至 6~8 片叶时摘心，待新梢发出后，留上部 3 个健壮嫩梢，长至 4~6 片叶进行二次摘心，以后再萌发的嫩梢即可作为扦插穗。

（2）准备育苗床：在地面上用砖砌成宽 1~1.2m、高为 2 层砖的培养槽，然后用筛过的河沙填满，在扦插的前 1d 喷透水。

（3）采穗：在母株上采集充实健壮、无病害的枝条，要求穗长 8~10cm，采集部位在枝条基部第四片叶上部 1cm 处。

（4）采后处理：采穗后，立即将穗放入水中浸泡 2h，然后取出，去叶，留 4~5 片叶。再将插穗上部对齐，50 株 1 捆，用橡皮套捆扎，最后用手将穗基部掰齐。

（5）扦插：先用竹签或钉子在苗床上按株行距 3cm×3cm 开洞，再将插穗放入配制好的 1000 倍萘乙酸溶液中速蘸其基部，然后将插穗插入沙中。插入的深度为 1.5~2cm。插入的同时将沙按实，使沙与插穗密切结合。

（6）温度、水分和光照管理：尽量保持温室的气温在 18~23℃。扦插后要立即用喷灌系统或喷壶浇透水，在生根之前视天气情况决定喷水次数，确保叶片不失水。通常在夏季要每隔 1h 喷 1 次水；在春、秋季节要每隔 2~3h 喷 1 次水；在冬季通常每天上下午分别喷 1 次水。生根后，浇水量要减少，保持土壤湿润即可；在夏季，采用遮光率为 70% 的遮阳网遮光；在春、秋季节，采用遮光率为 50% 的遮阳网遮光；在冬季不用遮光。生根后，早晚可适当多接受些光照。在光照时间不足时，要采取人工补光法延长光照时间，方法同切花菊。

（四）月季切花栽培技术

1. 种植

（1）土壤消毒：先将五氯硝基苯与沙子均匀搅拌，按每 100m² 土壤施用药剂量 1kg，将药剂在旋耕之前均匀撒到土壤上。

（2）旋耕：用旋耕机将旋耕土壤搅拌混匀，打碎土块，旋耕的深度至少为 40cm，旋耕至少 3 次。

（3）改良土壤与施肥：在生产上，通常采用深翻改土的方法进行土壤改良。在温室中在计划种植月季的地方每隔 50cm 挖一道深沟，沟深 80cm，沟宽 60cm。沟挖好后，先往沟下填充 30cm 厚的秸秆、稻草、绿草、稻壳等有机物，然后将园土与草炭土、沙子以及猪粪、牛粪、NPK 复合肥（20-20-20）混匀，再回填。改良土壤的比例要求为园土：草炭：沙子为 4:2:1，每 100m² 土壤施猪粪和牛粪各 1m³、复合肥 30kg。

（4）作床：栽植床一般采用高床，要求床面宽 60cm，作业道宽 50cm，床高 30cm，苗床坐落在深挖过的种植沟上。用铁锹将作业道上改良过的土壤均匀铲到作业道两边的床上，再用耙子将床面耙平，下一个床依此类推。

（5）浇灌苗床：在正式定植前 3d，用滴灌系统对苗床进行灌水，使苗床的含水量达到饱和。

(6)栽植:采用每床双行、犬牙交错方式栽植,行距30cm,株距25cm。先用花铲按株行距25cm×30cm刨穴,然后将种苗的根系放置穴中,培土,轻轻一按、一提,再培土,培至略高于嫁接口部位即可。

2. 日常管理

(1)水分管理:在生产上,通常采用的浇水方式是滴灌。定植之后,要立即浇水。在苗期,通常10d浇1次水,做到有湿有干。进入萌芽、抽枝、开花期旺盛生长阶段,水分供应要充足,苗床应保持湿润状态,通常1周浇1次水;在冬季低温期间应减少水分,通常10~15d浇1次水。浇水的最好时间是早上,切忌在中午烈日、高温时浇水。

(2)光照管理:在定植和缓苗期,除冬季外,都必须用50%的遮阳网遮光。在月季的生长期保证光照强度是十分重要的,通常在光照强度最大的6~8月采取遮阳,遮光量为70%,遮阳的方式为外遮阳。

(3)温度管理:月季的生长温度最好控制在15~27℃,夜间的温度不能低于13℃。夏季,尽量采取一些降温的措施,如使用遮阳网、高压喷雾、水帘和风扇降温系统;冬季,要采取加温和保温措施,如用暖气加温和用二层膜保温。

(4)湿度管理:温室湿度最好控制在70%~75%,相对湿度应避免波动过大。当室外的相对湿度非常低时,不宜在过冷或过热的白天突然通风,最好在室外湿度较高的早晨进行缓慢通风。

(5)施肥:从栽植一周后开始追肥,每7~10d施1次肥。在月季生长期,可采用有机肥与无机肥相结合的方式进行追肥,每2周施1次稀释的饼肥液,每周施1次硝酸钙、硝酸钾、尿素混合液,用量一般是每100m^2土壤施硝酸钙1kg、硝酸钾1kg、尿素1kg;在月季生长后期,应增施磷、钾肥,除施饼肥外,还要施液态无机肥,通常使用硝酸钾、磷酸二氢钾、硝酸钙的混和液,用量是每100m^2土壤施硝酸钾1kg、磷酸二氢钾2kg、硝酸钙1kg。施肥在生产上一般与灌溉结合起来,特别是有滴灌系统时,肥料可以配置到滴肥罐和蓄水池中,随水滴施肥。另外,还要适当对植株进行叶面追肥,使用市面所售的微量元素肥料即可,可在喷洒农药时一起使用或利用喷灌系统喷施。

3. 修剪管理

(1)摘除花蕾:及时摘除幼苗长出的花蕾,反复操作,待3~4个月后,从植株基部长出开花母枝,对这部分枝条产生的花蕾也要摘除。另外,在月季后期生产中,要作为更新枝的枝条和达不到商品标准的枝条产生的花蕾也要摘除。

(2)母枝的修剪:待开花母枝成熟后,选择粗壮枝条,在距地面50~60cm部位剪断。

(3)夏季修剪:采用折枝的方法,在要折枝条近基部1~2cm处,用折枝剪或双手拧一下,然后弯向两侧并均匀排开。

(4)摘除侧芽、侧蕾:开花枝现蕾后,及时摘除侧芽、侧蕾。另外,有时为延迟花期,还要摘除开花母枝的侧芽。

(5)生产母枝的更新:更新的时间从6月中旬开始。首先把所有枝条的花蕾和新芽打掉,植株逐渐萌发新的枝条,选择健壮枝条留作开花母枝,剪掉叶片较少的枝条,待新枝条半木质化后,摘除花蕾,待开花母枝枝条成熟后,选择粗壮枝条,在距地面50~60cm部位剪断。

(6)其他修剪：在生产中，及时剪除枯枝、病弱枝、封顶枝等。

4. 病虫害防治

在月季大面积生产中，要注意控制温室的温、湿度，加强温室内的空气流通。通常在温室中安装风扇和硫磺熏蒸器，主要在夜间使用，尤其是在春季、冬季更为重要。一般在封闭条件允许的情况下，用硫磺粉或其他乳油杀菌剂或杀虫剂每周熏蒸1次。在防治虫害方面，可在温室的窗户、门以及放风口安装防虫网。

常见病虫害及防治方法如下：

(1)月季白粉病：是月季最易感染的病害，也是在生产中重点防治的病害。主要表现为叶片、花梗、花蕾及嫩梢部位着生一层白粉，导致植株开花畸形、枝叶焦枯乃至死亡。防治方法是加强通风，降低湿度；每周喷施1次800倍12.5%腈菌唑溶液；发现病叶要及时摘除并销毁，及时喷施800倍30%氟菌唑溶液或800倍50%醚菌酯溶液。

(2)月季灰霉病：感病后叶片和嫩梢上出现水浸状斑点，严重时，嫩梢腐烂，叶片脱落。主要防治方法是加强通风，降低湿度；发现病叶要及时摘除并销毁，喷施800倍50%福美双溶液或600倍50%扑海因溶液，连续喷施2~3次。

(3)月季霜霉病：主要侵染月季整个地上部分，叶片呈紫红色至暗褐色不规则病斑，叶片变黄脱落。主要防治方法是提高温室的温度，降低温室的湿度；提早预防，可用百菌清烟剂熏蒸或600倍液50%扑海因喷施；发病后应及时喷施62.5%氟比菌胺与霜霉威1000倍混合液或90%疫霜灵800倍液，每3~5d 1次，连续2~3次。

(4)月季黑斑病：发病时叶片上出现紫黑色圆形斑点或放射状，病斑上出现黑色小粒体，造成中下部叶片脱落。防治方法是及早清除病叶并销毁；降低温室湿度；发病后喷施600倍50%多菌灵溶液或600倍50%扑海因溶液。

(5)蚜虫：对月季的危害最为普遍，主要危害叶片和花蕾。幼叶被蚜虫危害后卷曲变形；花蕾受蚜虫侵害后，产生绿色斑点，花朵畸形。主要的防治方法是及时清除杂草；发现蚜虫时喷施50%辛硫磷乳油800倍液或2.5%溴氰菊酯600倍液或20%甲氰菊酯乳油熏蒸。

(6)红蜘蛛：主要危害叶背面。被害处呈失绿小点，有时变成褐色。防治的方法是对叶背面进行药剂喷杀，主要药剂有阿维菌素、五氯杀螨醇等，5~7d喷1次，杀虫剂要交替使用。

5. 采收、加工与贮藏

(1)采收：尽量在清晨或傍晚采收。通常在花头第一片花瓣向外翻时剪切，在第三片完全叶片处剪取。在早春及晚秋季节，花开四至五成时采收；夏季温度较高时，花开一至三成时剪切；远程运输者在花开一成，即有1片花瓣外展时采收。采花的位置在距枝条基部10cm以上的部位。

(2)加工：采收后，按照《国家月季切花产品质量等级标准》对月季切花进行分级和处理（表7-4），去掉枝条基部15cm的叶片和刺，然后扎捆绑成束，用15~20cm宽瓦楞纸包住花蕾及花茎的上部分，包装后，用剪刀剪齐茎基部。

表 7-4 月季切花产品质量等级标准

评价项目		等级			
		一级	二级	三级	四级
1	整体感	整体感、新鲜程度极好	整体感、新鲜程度极好	整体感、新鲜程度极好	整体感、新鲜程度一般
2	花形	完整优美,花朵饱满,外层花瓣整齐,无损伤	花形完整,花朵饱满,外层花瓣整齐,无损伤	花形完整,花朵饱满,有轻微损伤	花瓣有轻微损伤
3	花色	花色鲜艳,无焦边、变色	花色好,无褪色失水,无焦边	花色良好,不失水,略有焦边	花色良好,略有褪色,有焦边
4	花枝	①枝条均匀、挺直 ②花茎长度65cm以上,无弯颈 ③重量40g以上	①枝条均匀、挺直 ②花茎长度55cm以上,无弯颈 ③重量30g以上	①枝条挺直 ②花茎长度50cm以上,无弯颈 ③重量25g以上	①枝条稍有弯曲 ②花茎长度40cm以上,无弯颈 ③重量20g以上
5	叶	①叶片大小均匀,分布均匀 ②叶色鲜绿有光泽,无褪绿叶片 ③叶面清洁,平整	①叶片大小均匀,分布均匀 ②叶色鲜绿,无褪绿叶片 ③叶面清洁,平整	①叶片分布较均匀 ②无褪绿叶片 ③叶面较清洁,稍有污点	①叶片分布不均匀 ②叶片有轻微褪色 ③叶面有少量残留物
6	病虫害	无购入国家或地区检疫的病虫害	无购入国家或地区检疫的病虫害,无明显病虫害斑点	无购入国家或地区检疫的病虫害,有轻微病虫害斑点	无购入国家或地区检疫的病虫害,有轻微病虫害斑点
7	装箱容量	①依品种12支捆绑成扎,每扎中花枝长度最长与最短的差别不可超过3cm ②切口以上15cm去叶、去刺	①依品种20支捆绑成扎,每扎中花枝长度最长与最短的差别不可超过3cm ②切口以上15cm去叶、去刺	①依品种20支捆绑成扎,每扎中花枝长度最长与最短的差别不可超过5cm ②切口以上15cm去叶、去刺	①依品种30支捆绑成扎,每扎中花枝长度的差别不可超过10cm ②切口以上15cm去叶、去刺

(3)贮藏:加工后,先将切花直接放入清洁的水中吸水 4h,再放进包装箱中,最后放进冷藏室,冷藏室的温度最好为 5~6℃。

四、实训质量要求与考核标准

（一）实训质量要求

实训内容应与生产密切结合,并且对应当地的生产季节。每项内容都要求学生能独立操作,并能与组内同学分工合作。

（二）实训考核标准

1. 百合、郁金香切花生产考核标准

分组考核,每组 5 人,每组栽植种球 200 粒。

(1)结果考核:出苗率达到 90% 并且商品花达到 70% 为满分,每降低 1 个百分点降低 1 分。

(2)过程考核:考核标准(表 7-5)。

(3)考核时间:总计 100min。

表7-5 百合、郁金香切花生产考核标准

序号	考核内容	考核标准	分值(分)	得 分	考核时间(min)
1	土壤改良	基质选择正确,比例合理	10		10
2	施基肥	肥料选择正确,用量合理	10		10
3	种球消毒	药剂选择正确,消毒时间合理	10		10
4	种植	密度、深度、覆盖物选用合理	20		25
5	水分管理	浇水及时合理	10		10
6	温、湿度管理	温、湿度控制合理	10		10
7	施肥管理	肥料搭配、用量合理	20		20
8	采收、加工、贮藏	达到技术要求	10		5
	合 计		100		100

2. 菊花、月季切花生产考核标准

分组考核,每组5人,每组栽植50株。

(1)结果考核:栽植成活率达到90%并且商品花达到70%为满分,每降低1个百分点成绩降低1分。

(2)过程考核:考核标准(表7-6)。

(3)考核时间:总计90min。

表7-6 菊花、月季切花生产考核标准

序号	考核内容	考核标准	分值(分)	得 分	考核时间(min)
1	土壤改良	基质选择正确,比例合理	10		10
2	施基肥	肥料选择正确,用量合理	15		10
3	种植	密度、深度合理	15		25
4	水分管理	浇水及时合理	10		10
5	温、湿度管理	温、湿度控制合理	20		10
6	营养管理	肥料搭配、用量合理	20		20
7	采收、加工、贮藏	达到技术要求	10		5
	合 计		100		90

实训 8　盆花生产技术

一、实训目的

通过此项训练让学生掌握一品红、蝴蝶兰、红掌的盆花生产技术和规程，使学生能独立进行一品红、蝴蝶兰、红掌的盆花生产。

二、实训工具与材料

（1）工具：铁锹、花铲、水桶、喷雾器、量筒、天平等。

（2）材料：一品红种苗、蝴蝶兰种苗、红掌种苗、塑料花盆、营养钵、苔藓、泡沫塑料、草炭土、珍珠岩、沙子、多菌灵、扑海因、农用链霉素、咪鲜胺、戊菌唑、百菌清、吡虫啉、苯醚甲环唑、阿维菌素、氟菌唑、猪粪、NPK 复合肥、硝酸钙、硝酸钾、硼砂、尿素、硫酸镁等。

三、重点掌握的技能环节

（一）一品红盆花生产技术

1. 配制基质

先将草炭土、珍珠岩按 1:1 比例混匀，再添加猪粪和 NPK 复合肥（20 - 10 - 20）。每立方米基质猪粪的用量为 100kg，复合肥为 500g。搅拌均匀，搅拌时用 50% 多菌灵 500 倍液喷施。

2. 上盆

先用花铲往营养钵（盆）中装入 2/3 盆基质，将小苗轻轻取出放入盆中，然后填充基质，用手轻轻压实，再填加土壤，定植的深度以刚好埋没原基质为宜，土壤表面要低于盆顶 1～2cm。定植之后要立即浇水。

3. 日常管理

（1）温度、湿度和水分管理：温室的气温白天最好控制在 20～27℃，夜温要不低于 15℃，相对湿度控制在 70%～75%。多用水管逐盆浇水，通常 1 周浇 1 次水即可。

夏天室内温度超过 32℃ 时，要采取降温措施，主要使用外遮阳网和喷雾系统降温；在冬天，可以通过暖气加温设施来提高温度。

（2）光照和光周期：在夏季，采用 50% 的遮阳网遮光；在春秋季节，不用遮阳网遮光；在冬季，要经常擦洗温室棚膜或玻璃以利透光。

在生产上，延迟花芽分化必须保证每天光照长度在 13h 以上，若光照不足，就应采用人工补光延长光照，采取的措施是在温室内安装补光系统，每 10m^2 安装一个 100W 的白炽灯泡，灯泡交错安排，通常在半夜补光，补足所需的光照时间。促进花芽分化必须保证每天光照长度在 11h 以下，若光照过长，就应采用人工遮光缩短光照，采取的措施是在温室安装遮光系统，通常用银白色遮光膜早晚遮光。遮光时间或停止人工补光的时间一般要根据品种的感光时间和出售日期决定。另外,遮光之后,温室的夜温要控制在23℃以下,通常在夜晚要打开遮光膜,天亮之前再合上。

(3)摘心:当苗长到8片真叶时开始摘心,摘掉4片叶,留4片叶。如果需要更多分枝,可进行二次摘心。

(4)矮化处理:当新萌发的枝条长至5cm时,要用1000倍70%比久溶液喷施,每隔1周再喷施1次。

(5)施肥:从栽植2周后开始追肥,每7~10d施1次肥。在生产上,采用有机肥与无机肥相结合的方式进行追肥,每2周施1次饼肥,每周施1次NPK速效肥(20-10-20),在植株生长前期,每盆用量一般是饼肥10g、NPK速效肥1~2g;在花芽分化前1周至开花前,每2周施1次饼肥,每周施1次NPK速效肥(15-20-25),每盆用量一般是饼肥10g、NPK速效肥1~2g;在开花期,每周施1次NPK速效肥(10-20-20),每盆用量一般是1g。施肥在生产上一般与灌溉结合。

4. 病虫害防治

(1)灰霉病:是一品红栽培中最常见的病害,侵染植株的各个部分。被侵染的部分先出现水渍状棕黄色至棕色的病斑,在潮湿的条件下,病斑处会形成灰色有毛的病菌。主要的防治方法是控制温室的温、湿度;在室内安装风机,促进空气循环;避免机械损伤;每周可用腐霉利烟剂熏蒸进行预防;发现病害之后,及时清除病叶,每5d喷施1次800倍40%嘧霉胺溶液或600倍甲基硫菌灵与乙霉威的混合溶液,连续喷施2~3次。

(2)白粉病:是一品红栽培中比较常见的病害,感染此病害后,植株表面出现白色粉状物。发病后,主要喷施800倍30%氟菌唑溶液或800倍50%醚菌酯溶液,同时减少温室的温差,降低空气湿度,加强室内空气流通。

(3)白粉虱:是危害一品红的主要害虫。主要的防治方法是在通风口及门窗上安装防虫网;用黄色粘虫板涂上重油诱粘成虫;药剂喷杀与药剂熏蒸结合使用,通常在喷完药剂之后,马上进行烟剂熏蒸。杀虫药剂主要有联苯菊酯等。

(4)红蜘蛛:也是温室中常见的病害。主要防治方法是喷施800倍1.5%阿维菌素溶液或800倍20%五氯杀螨醇溶液。

(二)蝴蝶兰盆花生产技术

1. 栽培基质准备

适合蝴蝶兰生长的基质很多,生产者主要根据当地条件和成本,选择合适的栽培基质。生产上通常选用苔藓和泡沫塑料颗粒作为栽培基质,二者的比例为2:1。

2. 小苗栽植

(1)消毒:用开水洗烫营养钵,用500倍50%多菌灵溶液喷施苔藓。

(2)设施的准备:蝴蝶兰在苗期需要的光照强度为6000lx,定植之前要按此光照要求安装遮阳网。

(3)上盆:先在透明营养钵中装入一层泡沫塑料颗粒,再在其上放入苔藓,用手压平后再在其上挖一个洞,然后小心将小苗的根放入洞内,铺上苔藓,轻轻一按将植株固定。基质表面要低于盆顶1~2cm。上盆后立即将小苗按株行距5cm×5cm摆到苗床上,叶片的方向为东西向。

3. 日常管理

(1)温度管理:温室的气温白天控制在25~28℃,夜间18~20℃。生产上,夏季主要采用内外遮阳网、高压喷雾、湿帘加风机来降低温室的温度;在冬季采用暖气加温设施来提高温室的温度。

(2)湿度管理:温室的相对湿度要控制在60%以上,最好控制在70%~80%。通常在夏天采用的办法是喷雾,在冬天采取的方法是往地面上喷水。温度较高时,必须加大室内的空气湿度。

(3)水分管理:浇水要及时,定植后马上淋水灌溉。在生长阶段,要经常检查基质的湿度,通常盆中的基质干到2/3时浇水。一般在夏季采用喷灌,1周浇2次水;冬天采用水管逐盆浇水,7~10d浇1次水。天然雨水最适于蝴蝶兰栽培的灌溉及配肥用水的需要;井水灌溉最好安装净水器,并且要存贮3~4d。

(4)光照控制:定植时,光照强度要控制在6000 lx,以后随着种苗生长要不断的增加光照强度;4~5个月后,光照强度可增至12 000~15 000lx;再换盆后,光照强度提至20 000lx;在催芽至花蕾全部着生阶段,光照强度要控制在25 000lx;现蕾后至开花前,要控制在20 000lx;开花后,要控制在15 000lx。通过遮阳网来控制光照强度,既要有内遮阳网又要有外遮阳网,遮阳网要求是多层的、可活动的。具体生产中,遮阳网的使用要根据当地的实际光照强度和种苗生长状况灵活应用。

(5)施肥管理:要保证高质量的蝴蝶兰,就必须按时按量对蝴蝶兰进行追肥。在施肥过程中要遵循以下几个原则:① 每7~10d施1次肥;② 苗期氮、磷、钾的比例为20:20:20;③ 催花前1~2个月,氮磷钾比例为10:30:20;④ 抽梗后,氮、磷、钾比例为15:10:30;⑤ 随水施肥;⑥ 温室的温度低于15℃时不宜施肥,开花后停止施肥;⑦ 调节肥水的EC值,小苗期EC值为0.5~0.8mS/cm,大苗期EC值为1.0~1.2mS/cm,pH值为5.5~6.5。

表8-1至表8-3为蝴蝶兰不同时期的施肥配方,仅供参考。

表8-1 蝴蝶兰盆花苗期施肥配方

大量元素		微量元素	
成 分	用 量(g/1000L)	成 分	用 量(mg/1000L)
硝酸钙	310	螯合铁	175
硝酸铵	120	硫酸锰	87
硝酸钾	240	硼酸钠	19
磷酸二氢钾	110	硫酸锌	16
硫酸钾	90	硫酸铜	12
硫酸镁	2.2	钼酸铵	12

表8-2 蝴蝶兰盆花催花前1~2个月施肥配方

大量元素		微量元素	
成 分	用 量(g/1000L)	成 分	用 量(mg/1000L)
硝酸钙	100	螯合铁	175
硝酸钾	160	硼酸钠	19
磷酸二氢钾	210	硫酸锌	16
硫酸钾	90	硫酸铜	12
硝酸铵	68	钼酸铵	12
硫酸镁	2.2	硫酸锰	87

表 8-3　蝴蝶兰盆花抽梗后施肥配方

大量元素		微量元素	
成　分	用　量(g/1000L)	成　分	用　量(mg/1000L)
硝酸钙	180	螯合铁	175
硝酸钾	240	硼酸钠	19
磷酸二氢钾	130	硫酸锌	16
硫酸钾	120	硫酸铜	12
硝酸铵	80	钼酸铵	12
硫酸镁	2.2	硫酸锰	87

(6) 换盆：当小苗根系长满钵时，要及时换盆。先将小苗从营养钵中倒出，根据新盆的大小，用适量润湿的苔藓将根系包裹，然后将根放入新钵中，用手轻轻压实。一个生长季通常要换 3～4 次盆。

4. 常见病虫害防治

(1) 炭疽病：是蝴蝶兰经常发生的一种病害。发病时，叶上形成很多黑色斑点。防治方法是加强温室通风，加强栽培管理；每 7～10d 喷施 1 次 600 倍 3% 恶甲水剂溶液进行预防；发病之后要进行药剂喷施，常用的药剂是 800 倍 25% 咪鲜胺溶液或 800 倍 75% 百菌清溶液，每隔 5d 喷施 1 次，连续 2～3 次，可达到治愈的效果。

(2) 软腐病：主要表现为叶片变黄，茎软弱下垂，根系呈褐色，严重时植株死亡。防治方法是保证适宜的基质湿度；及时清理病株；及时用药剂灌根，灌根的药物一般用 500 倍 50% 多菌灵溶液或 400 倍 50% 福美双溶液。

(3) 褐斑病：感病后，叶片上出现褐色斑，斑点中央干枯，边缘发黄。防治方法是加强温室的通风，保证适宜的温度和湿度；一旦发现病叶，应立即剪除，焚烧，防止蔓延，并及时喷洒药剂，采用 800 倍 10% 苯醚甲环唑溶液或 800 倍 43% 戊唑醇溶液，5d 喷施 1 次，连续 2～3 次，即可达到治愈的效果。

(4) 红蜘蛛：在高温干燥气候条件下容易发生。主要危害叶片和花芽。防治的主要方法是喷施 800 倍 1.8% 阿维菌素溶液或 800 倍 20% 五氯杀螨醇溶液。

(5) 蚜虫：危害叶和花。危害严重时，叶片或花上出现黑斑，花畸形。主要的防治方法是喷施 3% 啶虫脒 800 倍液或 2.5% 溴氰菊酯 600 倍液。

(三) 红掌盆花生产技术

1. 配制栽培基质

通常采用的基质是草炭土与珍珠岩，按 4∶1 比例混匀。在搅拌过程中，用水浇透基质。基质 pH 值应为 5.5～6.5，EC 值应为 1.2～1.5mS/cm。

2. 定植

(1) 定植时间：温室内红掌可周年定植，但要尽量避开炎热的夏季和寒冷的冬季。

(2) 设施准备：在定植之前要安装遮阳网，确保光照强度为 10 000lx 左右。

(3) 花盆准备：用沸水浇烫花盆，以杀灭各种杂菌。

(4) 栽植：先用花铲往花盆中装入 1/3 盆基质，将小苗从穴盘中轻轻取出放入盆中，然后填充基质，用手轻轻压实，再填加基质。定植的深度以气生根刚好全部埋入基质为限，基质表面要低于盆顶约 1cm。上盆过程一定要快，以免小苗失水。上盆后，将盆花按株行距 10cm×10cm 摆到苗床上，立即浇水。

3. 日常管理

(1)温度管理：温室应控制在 18~32℃。夏季可采用湿帘、风机和内外遮阳网降温，也可采用高压喷雾装置喷雾降温；冬季最好使用暖气加温设施来提高温度。

(2)湿度管理：相对湿度控制在 70%~80%。夏天室内温度较高时，要通过向地面喷水或喷雾系统来调节温室的湿度。

(3)水分管理：当空气的湿度在 70% 左右、温度在 25~32℃时，通常 1 周浇 1 次水。最好使用滴灌方式浇水，在每一个盆内安装一个滴灌头，通过给水系统实现浇水的自动化和半自动化。

(4)光照控制：定植时，光照强度不能超过 10 000lx；定植 1 个月后，光照要略微加强；定植 3 个月后，光照可以调节到正常水平。温室中的光照强度最好控制在 20 000lx 左右。光照强度可以通过内外遮阳网的结合使用进行控制。

(5)施肥管理：要保证盆栽红掌的质量，就必须保证按时按量对红掌进行追肥，提高肥料施用效果。在施肥过程中要遵循以下几个原则：① 每周施 1 次肥，浇透即可；② 小苗期（株龄未满 6 个月）要多施氮肥，钾肥次之，磷肥最少；③ 植株生长期氮、磷、钾肥施用量应大致相当；④ 成花期增加磷、钾肥，适当控制氮肥；⑤ 在迅速生长的季节，增加氮肥用量；⑥ 温室的温度低于 15℃时不宜施肥；⑦ 调节肥水 EC 值为 1.2~1.5mS/cm，pH 值为 5.5~6.5。

表 8-4 至表 8-6 中列出红掌不同时期的施肥配方，供参考。

(6)其他管理：定期摘除老叶、枯叶、枯黄叶柄。注意摘除时，去掉叶片，保留叶柄。

表 8-4　红掌盆花小苗期施肥配方

大量元素		微量元素	
成　分	用　量(g/1000L)	成　分	用　量(mg/1000L)
硝酸钙	320	螯合铁	280
硝酸铵	120	钼酸铵	12
硝酸钾	240	硼酸钠	192
磷酸二氢钾	120	硫酸锌	87
硫酸钾	87	硫酸铜	12
硫酸镁	3		

表 8-5　红掌盆花生长期施肥配方

大量元素		微量元素	
成　分	用　量(g/1000L)	成　分	用　量(mg/1000L)
硝酸钙	220	螯合铁	280
硝酸铵	90	钼酸铵	12
硝酸钾	240	硼酸钠	192
磷酸二氢钾	180	硫酸锌	87
硫酸钾	87	硫酸铜	12
硫酸镁	3		

表8-6 红掌盆花成花期施肥配方

大量元素		微量元素	
成 分	用 量(g/1000L)	成 分	用 量(mg/1000L)
硝酸钙	160	螯合铁	280
硝酸铵	120	钼酸铵	12
硝酸钾	210	硼酸钠	192
磷酸二氢钾	320	硫酸锌	87
硫酸钾	87	硫酸铜	12
硫酸镁	3		

(7)换盆：先用花铲往新盆中装入1/3盆基质，将小苗从老盆中轻轻取出放入新盆中，然后填充基质，用手轻轻压实。定植的深度与原深度一致，基质表面要低于盆顶1~2cm。换盆之后，将盆摆放到苗床上，立即浇水。

4. 常见病虫害防治

(1)炭疽病：是红掌经常发生的一种病害。发病时，在干燥的环境中，叶片的边缘、叶鞘、叶穗基部出现浅褐色的斑点；在潮湿的环境下，叶上形成很多黑色斑点。防治方法是加强温室通风，加强栽培管理；发病之后要进行药剂喷施，常用的药剂是800倍25%咪鲜胺溶液或800倍75%百菌清溶液，每隔5d喷施1次，连续2~3次，可达到治愈的效果。

(2)根腐病：主要表现为叶片变黄，茎软弱下垂，根系呈褐色，严重时危害茎和叶。防治方法是保证适宜的土壤湿度；及时用药剂灌根，灌根的药物一般用500倍3%恶甲水剂或400倍多菌灵溶液。

(3)叶斑病：感病后，叶片上出现褐色斑，斑点中央干枯，边缘发黄。防治方法是加强温室的通风，保证适宜温度和湿度；一旦发现病叶，应立即剪除，焚烧，防止蔓延，并及时喷洒药剂，采用600倍50%甲基硫菌灵溶液或800倍43%戊菌唑溶液，5d喷施1次，连续2~3次，可达到治愈的效果。

(4)蚜虫：危害植株主要表现为发病的叶片或花上常出现黑斑，被害叶片向背面卷曲、皱缩。主要的防治方法是喷施3%啶虫脒800倍液或2.5%溴氰菊酯600倍液。

(5)红蜘蛛：一般在高温干燥气候条件下容易发生，主要危害幼叶和芽，严重时呈现银白色斑点并枯萎。受害的佛焰苞常出现棕色的斑点，植株上可见蛛丝。防治的主要方法是喷施800倍1.8%阿维菌素溶液或800倍20%五氯杀螨醇溶液。

四、实训质量要求与考核标准

(一)实训质量要求

实训内容应与生产密切结合，并且对应当地的生产季节。每项内容都要求学生能独立操作，并能与组内同学分工合作。

(二)实训考核标准

1. 一品红考核标准

分组考核，每组5人，每组栽植一品红种苗40株。

(1)结果考核：栽植成活率达到80%并且商品花达到70%得满分，每降低1个百分点成绩降低1分。

(2)过程考核:考核标准见表8-7。
(3)考核时间:总计90min。

表8-7 一品红盆花生产考核标准

序号	考核内容	考核标准	分值(分)	得分	考核时间(min)
1	配制基质	基质选择正确,比例合理	10		5
2	上盆	方法正确,覆土深度合理	20		15
3	水分管理	浇水及时、合理	10		10
4	温、湿度管理	温、湿度控制合理	10		10
5	施肥	肥料搭配、用量合理	20		20
6	光周期调节	遮光、补光达到技术要求	30		30
	合计		100		90

2. 蝴蝶兰、红掌考核标准

分组考核,每组5人,每组栽植种苗40株。
(1)结果考核:栽植成活率达到90%并且商品花达到70%得满分,每降低1个百分点成绩降低1分。
(2)过程考核:考核标准见表8-8。
(3)考核时间:总计90min。

表8-8 实训考核标准

序号	考核内容	考核标准	分值(分)	得分	考核时间(min)
1	栽培基质准备	基质选择正确,比例合理	10		5
2	上盆	方法正确,覆土深度合理	20		15
3	水分管理	浇水及时、合理	10		10
4	温、湿度管理	温、湿度控制合理	10		10
5	施肥	肥料搭配、用量合理	30		40
6	光照调节	光照强度合理	10		10
	合计		100		90

实训9　木本园林植物栽植

一、实训目的

了解园林树木露地栽植的主要工序,掌握定点放线、挖穴、树木种植前处理、种植及栽后管理的具体操作技术。

二、实训工具与材料

施工场地(空地或补种地)、施工图(按要求绘制)、各类苗木、皮尺、白灰(用于标记)、挖坑机、铁锹、营养土、排水管(PV管)、修枝剪、杀菌防腐剂(硫酸铜稀释液)、包裹材料(草绳)、水车、支撑材料等。

三、重点掌握的技能环节

1. 定点、放线

(1)行道树的定点、放线

①确定行位　行道树行位严格按横断面设计的位置放线。在有固定路牙的道路以路牙内侧为准;在没有路牙的道路,以道路路面的平均中心线为准,用钢尺测准行位,并按设计图规定的株距,每10棵左右,钉一个行位控制桩。通直的道路,行位控制桩可钉得稀一些,如有条件,最好首尾用钢尺测距,中间部位用经纬仪定点布置控制桩。凡遇道路转弯则必须测距钉桩。行位控制桩不要钉在植树刨坑的范围内,以免施工时挖掉木桩。

②确定点位　行道树点位以行位控制桩为瞄准依据,用皮尺或测绳按照设计确定株距,定出每棵树的株位。株位中心可用铁锹铲一小坑,内撒白灰,作为定位标记。

定点位置除应以设计图纸为依据外,还应注意以下情况:

——遇道路急转弯时,在转弯的内侧应留出50m的空档不栽树,以免妨碍视线;

——交叉路口各边30m内不栽树;

——公路与铁路交叉口50m内不栽树;

——高压输电线两侧15m内不栽树;

——公路桥头两侧8m内不栽树;

——遇有出入口、交通标识牌、涵洞、车站电线杆、消火栓、下水口等,都应留出适当距离,并尽量左、右对称。

(2)成片绿地的定点、放线

①平板仪定点　依据基点将单株位置及片林的范围线按设计图依次定出,并钉木桩标明,木桩上应写清树种、棵数。

②网格法　按比例在设计图上和现场找出相对应的方格(最好为20m×20m)。定点时先在设计图上量好树木相对于其方格的纵横座标,再按比例确定出在现场相应方格中的位置,钉木桩或撒灰线标明。

③交会法 以建筑物的两个固定位置为准，根据设计图上树木相对于两点的距离相交会，定出种植位置。孤立树可钉木桩，写明树种和刨坑规格。树丛界限要用白灰线划清范围，线圈内钉一个木桩写明树种、数量、坑号，然后用目测的方法确定单株点，并用白灰标明。

2. 刨坑(挖穴)

(1)规格：栽种苗木用的土坑一般为圆筒状；栽种绿篱所用的土坑为长方形槽；成片密植的小灌木，则采用几何形大面积浅坑。常用刨坑规格见表9–1至表9–5(根据1999–02–24发布的中华人民共和国行业标准CJJ/T82—1999，《城市绿化工程施工及验收规范》)。

表9–1 常绿乔木类种植穴规格　　　　　　　　　　　　　　　　　　　cm

胸径	种植穴深度	种植穴直径	胸径	种植穴深度	种植穴直径
2~3	30~40	40~60	5~6	60~70	80~90
3~4	40~50	60~70	6~8	70~80	90~100
4~5	50~60	70~80	8~10	80~90	100~110

表9–2 常绿乔木类种植穴规格　　　　　　　　　　　　　　　　　　　cm

树高	土球直径	种植穴深度	种植穴直径
150	40~50	50~60	80~90
150~250	70~80	80~90	100~110
250~400	80~100	90~110	120~130
400以上	140以上	120以上	180以上

表9–3 花灌木类种植穴规格　　cm

冠径	种植穴深度	种植穴直径
200	70~90	90~110
100	60~70	70~90

表9–4 竹类种植穴规格　　cm

种植穴深度	种植穴直径
盘根或土球深	比盘根或土球大
20~40	40~60

表9–5 绿篱类种植穴规格　　　　　　　　　　　　　　　　　　　cm

种植方式 深×宽 苗高	单行	双行
50~80	40×40	40×60
100~120	50×50	50×70
120~150	60×60	60×80

(2)操作规范：以定植点为圆心，按规格在地面划一圆圈，从周边向下刨坑，按深度垂直刨挖，不能刨成上大下小的锅底形。栽植穴的规格一般比根幅(或土球直径)和深度(或土球高度)大20~40cm，甚至1倍。在挖穴或槽时，肥沃的表土与贫瘠的底土应分开放置，除去所有石块、瓦砾和妨碍生长的杂物。若土壤贫瘠应更换肥沃的表土或掺入适量的腐熟有机

肥。刨坑时若发现电缆、管道等，应停止操作，及时联系有关部门配合解决。

3. 栽植前修剪

(1) 根系修剪：将劈裂根、病虫根、过长根剪除。

(2) 树冠修剪

①园林树木的修剪　具有明显主干的高大落叶乔木应保持原有树形，适当疏枝，对保留的主侧枝应在健壮芽上短截，可剪去枝条的 1/5~1/3；无明显主干、枝条茂密、干径 10cm 以上树木，可疏枝保持原树形；对干径 5~10cm 的苗木，可选留主干上的几个侧枝，保持原有树形进行短截。枝条茂密具圆头型树冠的常绿乔木可适量疏枝；具轮生侧枝的常绿乔木用作行道树时，可剪除基部 2~3 层轮生侧枝；常绿针叶树，只剪除病虫枝、枯死枝、生长衰弱枝、过密的轮生枝和下垂枝。用做行道树的乔木，定干高度宜大于 3m，第一分枝点以下枝条应全部剪除。珍贵树种的树冠宜作少量疏剪。

②花灌木的修剪　带土球、湿润地区带宿土裸根苗木及上年花芽分化的开花灌木不宜作修剪。枝条茂密的大灌木，可适量疏枝。对嫁接灌木，应将接口以下砧木萌生枝条剪除。分枝明显、新枝着生花芽的小灌木，应顺其树势适当强剪。用做绿篱的乔灌木，可在种植后按设计要求整形。攀缘类和蔓性苗木可剪除过长部分。攀缘上架苗木可剪除交错枝、横向生长枝。

4. 定植

(1) 散苗：苗木栽植前要再一次按大小分级，使相邻的苗木大小基本一致。按穴边木桩写明的树种配苗，"对号入座"，边散边栽。配苗后还要及时核对设计图，检查调整。

(2) 栽苗：栽植深度应以新土下沉后树木原来的土印与土面相平或稍低于土面为准。主干较高的大树，栽植方向应弯向原生长方向。行列式栽植时，要求每隔 10~20 株先栽好对齐用的"标杆树"。如苗木主干弯曲，种植时应弯向行内，并与"标杆树"对齐，左右相差不超过树干的一半，做到整齐美观。

裸根苗的栽植：苗木经过修根、修枝、浸水或化学药剂处理后即可栽植。将苗木运到栽植地，根系没入水中或埋入土中存放，边栽边取苗。先比较根幅与穴的大小、深浅是否合适，并进行适当修整。在穴底填些表土，堆成小丘状，至深浅适合时放苗入穴，使根系沿锥形土堆向四周自然散开，保证根系舒展。具体栽植时，一般两人一组，一人扶正苗木，一人填入拍碎的湿润表土。填土约至穴深的 1/2 时轻提苗，使根自然向下舒展，然后用木棍捣实或用脚踩实。继续填土至满穴，再捣实或踩实一次，使填的土与原根颈痕相平或略高 3~5cm。栽植苗木时，一般应施入一定量的有机肥料，将表土与一定量的农家肥混匀，施入沟底或坑底作为底肥。农家肥的用量以每株树施用 10~20kg 为宜。埋土后平整地面或筑土堰，便于浇水。栽植苗木时还应注意行内苗木要对齐，前后左右都对齐为好。

带土球苗的栽植：先测量或目测已挖树穴的深度与土球高度是否一致，对树穴作适当填挖调整，深浅适宜时放苗入穴。在土球下部四周垫入少量的土，使树直立稳定，然后剪开包装材料，将不易腐烂的材料一并取出。为防止栽后灌水土塌树斜，填土至一半时，用木棍将土球四周的松土捣实，填到满穴再捣实一次（注意不要将土球弄散），盖上一层土与地面相平或略高，最后把捆拢树冠的绳索等解开取下。容器苗必须将容器除去后再栽植（图 9-1）。

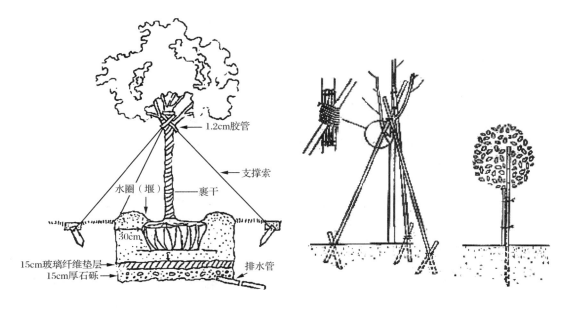

图9-1 树木栽植与植穴排水　　　　图9-2 立支柱

5. 养护管理

(1) 立支柱：为防止大规格苗木(如行道树苗)灌水后歪斜，或受大风影响不易成活，栽后应立支柱。常用通直的木棍、竹竿作支柱。江苏地区多用坚固的竹杆与木棍；上海、杭州地区为防台风有时也使用钢筋水泥柱。支柱能支撑到树苗的1/3~1/2处即可。一般使用长1.5~2m、直径5~6cm的支柱。支柱可在种植时埋入，也可在种植后再打入(入土20~30cm)。对栽后打入者，要避免打在根系上或损坏土球。树体不是很高大的带土移栽树木可不立支柱。立支柱的方式有单支式、双支式、三支式、四支式和棚架式。捆绑时，支柱与树干之间要用草绳隔开或用草绳包裹树干后再捆。

(2) 开堰：单株树木定植埋土后，在栽植坑(穴)的外缘用细土培起10~15cm高的土埂。浇水堰应拍平踏实，防止漏水。

(3) 作畦：对于株距很近、联片栽植的树木，如绿篱、色块、灌木丛等，可将数棵树或呈条、块栽植的树木集体围堰。作畦时必须保证畦内地势水平，确保畦内树木渗水均匀，畦壁牢固不漏水。

(4) 灌水：新植树木应在当日浇透第一遍水，以后根据当地情况及时补水。北方地区树木定植后必须连续灌3次水，以后视情况而定。第一次灌水应于定植后24h之内，水量不宜过大，浸入坑土约30cm即可。在第一次灌水后，应进行检查，发现树身斜歪应及时扶正，树堰被冲刷损坏之处应及时修整。然后再灌第二次水，仍以压土填缝为主要目的。第二次灌水间隔3~5d，浇水后仍应扶直整堰。进行第三次灌水，距第二次灌水时间为7~10d，此次要浇透灌足，即水分渗透到全坑土壤和坑周围土壤内，水浸透后应及时扶直。

(5) 封堰：单株浇水时应将树堰埋平，即将围堰土埂平整覆盖在植株根际周围。拣出土中砖石杂质等物。封堰土堆应稍高于地面，使雨季中绿地的雨水能自行径流排出，不在树下堰内积水。秋季植树应在树基部堆成30cm高的土堆，以保持土壤水分，并保护树根，防止风吹摇动，以利成活。

(6)清扫保洁:全面清扫施工现场,将无用杂物处理干净,并注意保洁,真正做到场光地净文明施工。

四、实训质量要求及考核标准

(一)实训质量要求

实训内容应与生产密切结合,并且对应当地的生产季节。每项内容都要求学生能独立操作,并能与组内同学分工合作。

(二)实训考核标准

分组考核,每组5人,每人栽植4棵树,其中灌木2棵,乔木2棵。
(1)结果考核:成活率达到80%以上得满分,每降低1个百分点成绩降低1分。
(2)过程考核:考核标准(表9-6)。
(3)考核时间:总计60min。

表9-6 木本园林植物栽植考核标准

序号	考核内容	考核标准	分数(分)	得 分	考核时间(min)
1	定点、放线	符合要求,准确无误	10		5
2	刨 坑	大小、深度达到要求	10		25
3	修 剪	符合要求,合理	20		5
4	栽 植	深度合理,技术处理得当	30		15
5	立支柱	牢固,美观	10		5
6	浇 水	及时,保证水量	20		5
	合 计		100		60

实训10 木本园林植物养护管理(肥、水、病虫害)

一、实训目的

熟练掌握园林树木肥、水管理方法,熟悉常见园林树木病虫害,选择恰当的技术方法进行病虫害防治。

二、实训工具与材料

各种肥料、铁锹、喷壶、各种病虫害标本、显微镜、放大镜、挑针、解剖刀、碘液、酒精、苯酚等药剂,常用农药。

三、重点掌握的技能环节

(一)木本园林植物的施肥管理

1. 施肥时间

(1)初春:树液开始流动前1个月,如果土壤解冻,就可以施用基肥。将混合好的肥料(以有机肥为主,但一定要腐熟,还可以掺入化肥和微生物肥料)深翻或者深埋进土壤中根系的周围,但不要与根直接接触。

(2)春、夏季:在植物生长季,应配合植物的生理时期,进行合理补肥。通常使用速效的化学肥料。要掌握施肥浓度,以免"烧根"。生产上,常常使用"随施随灌溉"的方法。

(3)初秋:对一些生长势较弱,枝条不够充实的树木,应追施一些磷、钾肥。

2. 施肥深度

肥料施用在距根系集中分布层稍深、稍远的部位。氮肥浅施;钾肥、磷肥应深施;施过磷酸钙和骨粉时,将其与厩肥、圈肥、人粪尿等混合均匀,堆积腐熟后作为基肥施用,效果更好。

3. 施肥量

根据植物种类及大小确定施肥量,喜肥的多施,如梓树、梧桐、牡丹等;耐瘠薄的可少施,如刺槐、悬铃木、山杏等;开花结果多的大树较开花结果少的小树多施。一般胸径8~10cm 的树木,每株施堆肥 25~50kg 或浓粪尿 12~25kg;胸径10cm 以上的树木,每株施浓粪尿 25~50kg。花灌木可酌情减少。

4. 施肥方法

(1)环状沟施肥法:在树冠外围稍远处挖 30~40cm 宽环状沟,沟深根据树龄、树势以及根系的分布深度而定,一般深 20~50cm。将肥料均匀地施入沟内、覆土、填平、灌水。随树冠的扩大,环状沟每年外移,每年的扩展沟与上年沟之间不要留隔墙。此法多用于幼树施基肥。

(2)放射沟施肥法:以树干为中心,从距树干 60~80cm 的地方开始,在树冠四周等距离地向外开挖6~8条由浅渐深的沟,沟宽30~40cm,沟长视树冠大小而定,一般为沟长的1/2在树冠投影内,1/2在树冠投影外,一般沟深为20~50cm。将充分腐熟的有机肥与表土混匀后施入沟中,封沟灌水。下次施肥时,调换位置开沟,开沟时要注意避免伤大根。此法适用于中壮龄树木。

(3)穴施法:在有机物不足的情况下,基肥以集中穴施最好,即在树冠投影半径1/2以外至投影外1m以内的环状范围内,开挖深40cm、直径50cm左右的穴。其数量视树木的大小、肥量而定。施肥入穴,填土、平沟、灌水。此法适用于中壮龄树木。

(4)全面撒施法:把肥料均匀地撒在树冠投影内外的地面上,再翻入土中。此法适用于群植、林植的乔灌木及草本植物。

(5)根外追肥:又称为叶面追肥。根据植物的生长状况,确定施肥的种类和相应的浓度。可与病虫害药剂防治时同时使用。

(二)木本园林植物的水分管理

1. 灌溉时间

生产上通常在初春芽萌动前、春夏生长旺盛时期、秋冬土壤冻结前进行灌溉。原则上只要土壤水分不足应立即灌溉。土壤水分可根据土壤墒情进行判断。一般需调整墒情在黑墒与黄墒之间(表10-1)。采用小水灌透的方法,使水分慢慢渗入土中。

表10-1 土壤墒情检验表

类别	土色	潮湿程度	土壤状态	作业措施
黑墒(饱墒)	深暗	湿,含水量大于20%	手攥成团,揉搓不散,手上有明显水迹;水稍多而空气相对不足,为适度上限,持续时间不宜过长	松土散墒,适于栽植和繁殖
褐墒(合墒)	黑黄偏黑	潮湿,含水量15%~20%	手攥成团,一搓即散,手有湿印;水气适度	松土保墒,适于生长发育
黄墒	潮黄	潮,含水量12%~15%	手攥成团,微有潮印,有凉感;适度下限	保墒、给水,适于蹲苗,花芽分化
灰墒	浅灰	半干燥,含水量5%~12%	攥不成团,手指下才有潮迹,幼嫩植株出现萎蔫	及时灌水
旱墒	灰白	干燥,含水量小于5%	无潮湿,土壤含水量过低,草本植物脱水枯萎,木本植物干黄,仙人掌类停止生长	需灌透水
假墒	表面看似合墒,色灰黄	表潮里干	在高温期,或灌水不彻底,或土壤表面因苔藓、杂物遮阳粗看潮润,实际内部干燥	仔细检查墒情,尤其是盆花;正常灌水

春、夏季灌溉最好在清晨进行,也可在傍晚进行;冬季灌溉应在中午前后进行。

2. 灌溉量

每次灌水深入土层的深度,一般花灌木应达45cm,生理成熟的乔木应达80~100cm。

掌握灌溉量及灌溉次数的一个基本原则是保证植物根系集中分布层处于湿润状态,即根系分布范围内的土壤湿度达到田间最大持水量70%左右。

3. 灌溉方法

(1)单株灌溉:先在树冠的垂直投影外开堰,利用橡胶管、水车或其他工具,对每株树木进行灌溉，灌水应使水面与堰埂相齐，待水慢慢渗下后，及时封堰与松土。

（2）漫灌：适用于在地势较平坦的群植、片植的植物。这种灌溉方法耗水较多，容易造成土壤板结，注意灌水后及时松土保墒。

（3）沟灌：在列植的植物，如绿篱或宽行距栽植的花卉，行间开沟灌溉，使水沿沟底流动浸润土壤，直至水分充分渗入周围土壤为止。

（三）常见木本园林树木病虫害防治

1. 叶部病害

（1）白粉病

①识别特征　病征初期，为白粉状，最明显的特征是有由表生的菌丝体和粉孢子形成白色粉末状物。在秋季，白粉层上出现许多由白至黄，最后变为黑色的小颗粒。

②防治措施

栽培养护预防　选栽抗病品种，适度修剪，以创造通风透光的环境；及时施肥、浇水，避免偏施氮肥，促使植株健壮；温室中重视通风透光，避免闷热潮湿，减少叶面淋水；随时摘除病叶，病梢烧毁，以增强抗病能力，防止或减少侵染和发病。

消灭病源　白粉病多以其闭囊壳随病叶等落到地面或表土中，及时清除病落叶、病梢，并烧毁，并进行翻土及在植株下覆盖无菌土等，以减少初侵染源。

药剂防治　在生长季节，要注意检查，抓准初发病期进行喷药控制。在早春植株萌动之前，喷洒波美3°~5°的石硫合剂等保护性杀菌剂或50%的多菌灵600倍液；展叶后，可喷洒600倍的多菌灵或15%粉锈宁可湿粉1000倍液，每隔0.5月喷1次，连续喷2~3次。

（2）锈病类

①识别特征　出现黄粉状锈斑。叶片上的锈斑较小，近圆形，有时呈泡状。在症状上，产生褪绿、淡黄色或褐色斑点。

②防治措施

栽培养护预防　对转主寄生的病菌，如圆柏—海棠锈病、圆柏—梨锈病等，不能将两种寄主植物种在一起或距离太近。在城市中，种植距离一般不应小于3.5km。树木勿栽植过密。注意修剪和林间排水，使林间通风透光；调控湿度，勿过高；可大量降低发病率。

减少侵染源　秋、冬季扫集病落叶、剪除圆柏上的病瘿（冬孢子堆），发芽时剪掉病芽，拔除病苗，将附近转主寄生的寄主植物烧毁。

药剂防治　发现转主寄生的锈病，如圆柏—海棠锈病等，可于3月或4月圆柏上冬孢子堆（病瘿）成熟时，往圆柏树枝上喷1~2次波美1°~3°的石硫合剂或1∶3∶100的石灰多量式波尔多液，以抑制过冬病瘿破裂、放出孢子侵染海棠等叶片。发病初期，可喷洒15%粉锈宁可湿性粉剂1000~1500倍液1~2次，即能基本控制。另外，还可使用200~250倍的70%敌锈钠原粉，1000倍的65%福美砷可湿性粉剂，1000倍的70%托布津可湿性粉剂等。

（3）炭疽病类

①识别特征　在发病部位形成各种形状、大小、颜色的坏死斑，比较典型的症状是常在叶片上产生明显的轮纹斑，发病后期病斑上会出现小黑点。

②防治措施

栽培养护预防　土里常存有带菌的病残体，应注意耕翻土壤，更换无菌土，进行轮作，或对土壤进行消毒。

消除病源　秋、冬季扫集病落叶、剪除病体烧毁；生长季节及时摘除病叶、病梢，剪掉病枝；清除根茎、鳞茎、球茎等的带病残茬；不使用带病插条或对插条等进行消毒，以减少病原菌。

药剂防治　在初发病前，喷药。根据病情和植物的抗病性的不同可喷500～700倍的50%炭疽福美可湿性粉剂、500～700倍的65%代森锰锌可湿性粉剂、1000倍的70%甲基托布津可湿性粉剂或500～1000倍的75%百菌清可湿性粉剂等。一般每隔10d左右喷1次，共喷4次左右。

2. 枝干部病害

（1）溃疡病或腐烂病

①识别特征　溃疡病的典型症状是发病初期枝干受害部位产生水渍状斑，有时为水泡状，圆形或椭圆形，大小不一，并逐渐扩展；后失水下陷，在病部产生病原菌的子实体。病部有时会出现纵裂，皮层脱落。木质部表层呈褐色。发病后期，病斑周围形成隆起的愈伤组织，阻止病斑的进一步扩展。

②防治措施

栽培养护预防　适地适树，选用抗病性强及抗逆性强的树种，培育无病壮苗；加强栽培养护措施，提高树木的抗病能力；在起苗、假植、运输和定植的各环节，尽量避免苗木失水；清除严重病株及病枝；保护嫁接及修枝伤口，在伤口处涂药保护。秋冬和早春用硫磺粉涂白剂将树干涂白，防止病原菌侵染。

药剂防治　用50%的多菌灵、70%的甲基托布津、75%的百菌清500～800倍液喷洒，效果较好。

（2）枯萎病

①识别特征　感病植株叶片失去正常光泽，随后凋萎下垂，脱落或不脱落，终至全株枯萎而死。有的感病植株半边枯萎，在主干一侧出现黑色或褐色的长条斑。在感病植株枝干横断面上，有深褐色的环纹；在纵剖面上有褐色的线条。急性萎蔫型的病株会突然萎蔫，枝叶仍为绿色，这被称之为青枯病，多发生在苗木或幼树上；慢性萎蔫型的感病植株，表现为某些生长不良现象，叶色无光泽，并逐渐变黄，病株经较长时间才最后枯死。

②防治措施

首先严格检疫，严防感病及带传播媒介昆虫的苗木、木材及其制品外流及传入。枯萎病发展快，防治困难，感病的植株很难救治。

药剂防治：对土壤进行消毒。用福尔马林50倍液对土壤进行消毒，用量为4～8kg/m²，淋土；或用热力法对土壤消毒。

栽培养护预防：选用抗枯萎病的品种，提高抗病能力。减少初侵染来源，及时处理病株和病枝条。

3. 食叶性害虫

（1）种类

鳞翅目的刺蛾、袋蛾、舟蛾、毒蛾、天蛾、夜蛾、螟蛾、枯叶蛾、尺蛾、斑蛾、蝶类；鞘翅目的叶甲、金龟子；膜翅目的叶蜂；直翅目的蝗虫等。

(2) 防治措施

① 结合冬季养护管理，清除枯枝落叶，铲除越冬虫茧。

② 在 3 龄前的幼虫未分散之前，及时喷洒药剂消灭低龄幼虫，以提高防虫效果。常用药剂有 90% 敌百虫晶体、80% 敌敌畏乳油、50% 杀螟松乳油、50% 马拉硫磷乳油 1000～2000 倍液、鱼藤肥皂水 200 倍液等。

③ 园林植物食叶害虫天敌很多，如蜘蛛、蠊象、蚂蚁、螳螂等。采用生物防治的方法，保护利用这些食叶害虫的天敌进行防治。

④ 灯光诱杀成虫。

⑤ 人工摘除虫卵、虫苞和捕杀幼虫。

4. 钻蛀性害虫

(1) 种类

翅目的天牛类、吉丁虫类、小蠹虫类、象甲类；鳞翅目的木蠹蛾、透翅蛾、卷蛾、夜蛾；膜翅目的茎蜂、树蜂；等翅目的白蚁等。

(2) 防治措施

① 加强园林植物养护管理，合理施肥、合理灌溉、合理修剪；及时剪除被害枝梢，减少危害发生；要对危害园地进行土壤消毒、冬季翻耕，消灭土中越冬的幼虫。

② 药剂防治，如防治吉丁虫用 50% 的杀螟松乳油 100 倍液涂于树干；防治小蠹虫类，可喷洒 80% 敌敌畏乳油 1000 倍液等；防治天牛，可用 50% 敌敌畏乳油堵住虫孔。

③ 保护利用天敌。

5. 刺吸类害虫

(1) 种类

蚧虫、蚜虫、叶蝉、木虱、粉虱、蓟马、蠊象、网蝽、叶螨、瘿螨等。

(2) 防治措施

① 加强植物检疫，禁止带病苗木输入或输出。

② 加强园林植物养护管理，改善环境，创造不适于害虫生存繁殖的环境。

③ 适时施药，采用药物进行防治。

④ 保护利用天敌，采用生物防治措施。

四、实训质量要求及考核标准

(一) 实训质量要求

实训内容应与生产密切结合，并且对应当地的生产季节。每项内容都要求学生能独立操作，并能与组内同学分工合作。

(二) 实训考核标准

1. 结果考核：分组考核，每组 5 人，每人养护 5 棵树。
2. 过程考核：考核标准见表 10-2。
3. 考核时间：总计 60min。

表 10-2　木本园林植物养护管理考核标准

序号	考核内容	考核标准	分数(分)	得分	考核时间(min)
1	施基肥	肥料选择合理、方法正确	20		15
2	浇水	浇水及时、达到深度	20		10
3	根追肥	符合要求、合理	20		10
4	根外追肥	深度合理、技术处理得当	20		15
5	病虫害防治	农药选择正确、浓度合理、喷施方法正确	20		10
		合　计	100		60

实训 11 草本花卉栽植管理

一、实训目的

掌握草本花卉在园林绿地应用时的栽植技术和管理方法。

二、实训工具与材料

(1) 材料：常用的草本花卉、肥料、农药。
(2) 工具：铁锹、水车、水管、支撑材料、遮荫材料。

三、重点掌握的技能环节

(一) 一、二年生草本花卉栽植

1. 整地

露地栽培一、二年生草本花卉，要选择光照充足、土地肥沃、地势平整、水源方便和排水良好的地块。如果在绿化设计中所给的地段不能满足一、二年生草本花卉生长的基本需要，则应根据草花生长习性的要求，进行换土或土壤改良。

一、二年生花卉生长期短，根系入土较浅，宜浅耕，深度达 20～30cm。砂土宜浅，黏土宜深。有条件的情况下，一般宜秋季耕地，到春季再整地。但园林施工中一般不具备这样的条件，也可在播种或移栽前进行。

整地时先翻起土壤，敲碎敲细土块，清除砖石、瓦片、石灰渣等建筑垃圾，同时要清除树木的残根、断茎及杂草的根、茎等。整地的同时要施入一定量的有机肥料，以改良土质。整地应在土壤干湿适度时进行。

土壤经翻耕后，若过于松软，要适度镇压，通常用滚筒或木板等进行，如面积不大，也可用脚轻踏镇压。

若在原有绿地上进行绿化改造或重建，可将心土翻上，表土翻下，并在翻耕后大量施入堆肥或厩肥，补给养分；对于新开的土地应进行深耕，并施适量的堆肥或厩肥，在酸性土中要施入石灰、草木灰等。

2. 栽植

草本花卉培育到 10～12 枚真叶或幼苗高约 15cm 时，就可按绿化设计的要求栽到花盆、花坛、花境等。

(1) 起苗：应在土壤湿润状态下进行，以使湿润的土壤附在根群上，同时避免根系受伤。如天旱土壤干燥，应在起苗前 1d 或数小时充分灌水。

起苗一般可分为裸根起苗和带土球起苗两种。一般运距较长、植株较大或不能及时栽植的要带土球起苗。草本花卉由于根茎比较嫩，易失水，建议起苗和栽植时带土球，土球的规格大小要根据具体的情况而定。可将草花直接移栽在一次性营养钵内,运输时带钵。

裸根苗起挖时,要用手铲将苗带土掘起,然后将根群附着的土块轻轻抖落。注意不要将根拉断或拉伤,也不要长时间暴露于强光之下或强风吹击之处;带土球苗起挖时,要先用手铲将苗四周铲开,然后从侧下方将苗掘起,并尽量保持完整的土球。起苗后,为保持水分的平衡,可摘除一部分叶片以降低蒸腾作用,但不宜摘除过多。

(2) 栽植:栽植时间一般以春季为好,最好在无风的阴天或降雨前栽植。一天中,最宜在水分蒸腾量最低时进行。

栽植时,要根据设计图纸的要求,依一定的株行距挖掘苗穴进行栽植。苗穴的大小根据植株所带土球大小、根系发达程度以及现场的土壤、水文等条件而定;或按设计图纸的要求,依一定的行距开沟,将草花按一定的间距排放在沟内,一次性覆土栽植。以上两种方法都比较适用,施工时可根据工地现场情况灵活选用。

裸根栽植时应使根系舒展,然后覆细土,适当镇压。镇压时压力应均匀向下,不能用力按压茎的基部。带土球的草花栽植时,填土于土球四周并镇压,不可镇压土球,栽植深度应与移植前的深度大致相同。

栽植完毕后,应用喷壶充分灌水。有条件的工程可以使用微喷或滴灌系统进行浇水。第一次充分灌水后,在新根未发之前不可过多灌水,否则根部易腐烂。此外,移植后数日内应用木棍、竹棍或铁丝等搭设支架,用遮光网或草帘等遮住强烈日光,以利于其恢复生长。

对于有些不耐移栽的一、二年生草本花卉可将种子直接播种于花坛或花圃中,不进行移栽;或直接播于花盆、花钵内,需要时直接摆放应用。

一、二年生草本花卉因为每年都要重新栽植,施工和管理相对繁琐,所以常应用于节日庆典、大型活动等重要场合。应用的方式主要有花坛、花境或重要道路两旁的绿化等。

(二) 多年生宿根花卉的栽植

与一、二年生草本花卉栽植方法基本相同。

栽植时应深翻土壤,深度达 30~40cm,并大量施入有机肥料。要栽植于排水良好的土壤中。一般在幼苗期间喜腐殖质丰富的疏松土壤,第二年后则以黏质土壤为好。

为使其生长茂盛、花多、花大,最好在春季新芽抽出时追加肥料,花前和花后再各追肥一次。秋季叶枯时,可在植株四周施以腐熟的厩肥或堆肥。

(三) 多年生球根花卉的栽植

1. 整地

应深耕土壤(30~40cm,甚至40~50cm),并通过施用有机肥料、掺加其他基质材料改良土壤结构。栽培球根花卉施用的有机肥必须充分腐熟。磷肥对球根的充实及开花极为重要,钾肥需要量中等,氮肥不宜多施。我国一些地区土壤呈酸性,需施入适量的石灰加以中和。

2. 栽植

球根较大或数量较少时,可进行穴栽;球根较小而数量较多时,可开沟栽植。如果需要在栽植穴或沟中施基肥,要适当加深穴或沟的深度,撒入基肥后覆盖一层园土,然后栽植球根。

球根栽植深度一般为球高的 2~3 倍。但晚香玉及葱兰以覆土到球根顶部为宜，朱顶红需要将球根的 1/4~1/3 露出土面。

栽植的株行距依球根种类及植株体量大小而异，如大丽花为 60~100cm，风信子、水仙为 20~30cm，葱兰、番红花等仅为 5~8cm。

3. 种球采收

采收要在植株生长停止、茎叶枯黄而没有脱落时进行。采收时土壤要适度湿润，挖出种球，除去附土，阴干后贮藏。唐菖蒲、晚香玉等需翻晒数天让其充分干燥。大丽花、美人蕉等阴干到外皮干燥即可，以防止过分干燥而使球根表面皱缩。秋植球根在夏季采收后，不宜放在烈日下暴晒。

4. 种球贮藏

贮藏前要除去种球上的附土和杂物，剔除病残球根。对于通风要求不高，需保持一定湿度的球根花卉，如大丽花、美人蕉等，可采用埋藏或堆藏法贮藏。量少时可用盆、箱装，量大时堆放在室内地上或窖藏。贮藏时，球根间填充干沙、锯末等。对要求通风良好、充分干燥的球根花卉，如唐菖蒲、球根鸢尾、郁金香等，可在室内设架，铺上席箔、苇帘等，上面摊放球根。如设多层架子，层间距应为 30cm 以上，以利通风。少量球根可放在浅箱或木盘上，也可放在竹篮或网袋中，置于背阴通风处贮藏。春植球根冬季贮藏，室温应保持在 4~5℃，不能低于 0℃ 或高于 10℃。在冬季室温较低时贮藏，对通风要求不严格，但室内不能闷湿。秋植球根夏季贮藏时，首要的问题是保持贮藏环境的干燥和凉爽，不能闷热、潮湿。球根贮藏时，还应注意防止鼠害和病虫害。

（四）水生草本花卉的栽植

1. 栽植场地的确定

湖、塘、水田、缸、盆(碗)都可用于栽植水生花卉。栽植环境要求光照充足，地势平坦，背风向阳。水位应符合每个水生植物的生态环境要求。挺水植物的最深水位不应超过 1.5m，水底土质肥沃，有 20cm 的淤泥层，水位稳定，水流畅通而缓慢。如果人工造园，修挖湖、塘(水生花卉区或水生植物观光旅游景点)，也应遵循水生植物的生物学特性，无特殊的要求时，应对每个种及品种修筑单独的水下定植池。

缸、盆的选择应随种类的不同而定，一般缸高 65cm，直径 65~100cm。栽种时容器之间的距离应随植物的生长习性而定，一般株距 20~100cm，行距 150~200cm。

2. 土壤的准备

栽植水生花卉的池塘，最好池底有丰富的腐草烂叶沉积，并为黏质土壤。在新挖掘的池塘栽植时，必须先施入大量的肥料，如堆肥、厩肥等。盆栽用土应以塘泥等富含腐殖质土的土壤为宜。北方栽种水生花卉的土壤 pH 值为 7.5~8；南方栽种水生花卉的土壤 pH 值为 5~7。

3. 栽植

（1）栽植槽栽植：在池底砌筑栽植槽，铺上 20~30cm 厚的种植土，将水生草本花卉植入土中。

（2）容器栽植(盆、缸栽)：将幼苗栽植在大小适宜的缸、盆内。在缸、盆中加入 1/3~

1/2深度的泥土，加水施肥搅拌后将种苗栽种在中央，再加适量的水(5~10cm)，使植株正常地生长发育，并进行常规管理。盆、缸栽水生花卉，需要翻栽；缸、盆的大小应与植株大小相适应。翻栽前要减少水量，便于倒置。倒置前植物必须挖出，否则会损伤植株的芽，影响其成活率。

4. 栽培管理

(1)除草：从栽植到植株生长过程中，必须时时除草。

(2)追肥：在植物生长发育的中后期进行。可使用浸泡腐熟后的人粪、鸡粪、饼类肥，一般施2~3次。露地栽培可直接施入缸、盆中。在施追肥时，应用可分解的纸做袋，装入肥料施入泥中。

(3)水位调节：水生花卉在不同的生长季节(时期)所需的水量也有所不同。调节水位，应按照由浅到深、再由深到浅的原则。分栽时，保持5~10cm的水位，随着立叶或浮叶的生长，水位可根据植物的需要量提高(一般30~80cm)。如荷花到结藕时，要将水位放浅到5cm左右，提高泥温和昼夜温差，提高种苗的繁殖数量。

(4)防风防冻：耐寒的水生花卉直接栽在深浅合适的水边和池中，冬季不需保护，休眠期间对水的深浅要求不严。半耐寒的水生花卉栽在池中时，应在初冬结冰前提高水位，使根丛位于冰冻层以下，即可安全越冬。少量栽植时，也可掘起贮藏。或春季用缸栽植，沉入池中，秋末连缸取出，倒除积水。冬天保持缸中土壤不干，放在没有冰冻的地方即可。不耐寒的种类通常盆栽，沉到池中；也可直接栽到池中，秋冬掘出贮藏。水生花卉在北方种植，冬天要进入室内或灌深水(深100cm)防冻；在长江流域一带种植，正常年份可以露地越冬。为了确保安全、以防万一，可将缸、盆埋于土里或在缸、盆的周围包草、覆草等。

(5)遮荫：水生花卉中有部分种类属阴性植物，不适应强光照射，栽培时需搭设荫棚。根据植物的需求，遮光率一般控制在50%~60%，多采用黑色或绿色的遮阳网进行遮荫。

(6)消毒：为了减少水生花卉在栽培中的病虫害，各种土壤需进行消毒处理。消毒用的杀虫剂有40%乐果乳油、敌百虫等；杀菌剂有多菌灵、甲基托布津1000~1500倍液等。

(7)其他措施：有地下根茎的水生花卉，一般须在池塘内建造种植池，以防根茎四处蔓延影响设计效果。漂浮类水生花卉常随风移动，使用时要根据当地的实际情况，如需要固定，可加拦网。

四、实训质量要求及考核标准

(一)实训质量要求

实训内容应与生产密切结合，并且对应当地的生产季节。每项内容都要求学生能独立操作，并能与组内同学分工合作。

(二)实训考核标准

1. 结果考核：成活率达到80%得满分，每降低1个百分点成绩降低1分。

2. 过程考核：分组考核，每组5人，在30min内每人栽植5株草本花卉，其中一、二年生草本或宿根花卉 2 株,球根花卉 3 株。

考核标准见表 11-1。

表 11-1 草本花卉栽植管理考核标准

序号	考核内容	考核标准	分数(分)	得分
1	整 地	符合要求,深度合理	10	
2	挖 穴	大小、深度达到要求	20	
3	修 剪	符合要求,合理	10	
4	栽 植	深度合理,技术处理得当	30	
5	浇 水	及时,保证水量	20	
6	合 作	在规定的时间内完成,合作协调	10	
	合 计		100	

实训 12　草本花卉的养护管理(肥、水、病虫害)

一、实训目的

熟练掌握园林花卉肥、水管理方法,熟悉常见园林花卉病虫害,选择恰当的技术方法进行病虫害防治。

二、实训工具与材料

各种肥料、铁锹、喷壶、常用农药。

三、重点掌握的技能环节

(一)灌溉

1. 灌溉的次数及时间

北京的花农常在移植后连续灌水 3 次,称为"灌三水"。即在移植后随即灌水一次;过 3d 后第二次灌水;再过 5~6d 第三次灌水。每次要把畦水放满。"灌三水"后进行松土。一般的幼苗在移植后均需连续灌水 3 次,有些花苗移植后易恢复生长,灌水 2 次就可松土,不必灌第三次水。生长较弱的花苗移植后不易恢复,可在第三次灌水 10d 后,灌第四次水。灌水后松土,以后正常灌水。灌水量和灌水次数根据季节、土质和花卉种类不同而定。夏季和春季干旱时期应多灌水。灌水时间因季节而定。夏季灌溉应在清晨和傍晚进行;冬季灌溉应在中午前后进行。

2. 灌溉的方法

灌溉可分为地面灌溉、地下灌溉、喷灌和滴灌等。草本花卉露地栽培主要采用地面灌溉。地面灌溉的方法主要是畦灌和浇灌。

(1)畦灌:我国北方气候干燥、地势平坦的地区一般采用此法。用电力吸取井水,经水沟引入畦面。

(2)浇灌:面积较小或土壤不太干燥的情况下常采用此法。用喷壶喷洒,或担水泼浇,或用橡皮管引自来水进行浇灌。

灌溉用水最好用河水,其次是池塘水和湖水。工业废水未经处理不可使用。井水温度较低,应先将井水抽出储于水池内,等水温升高后使用。有泉水的地方可用泉水灌溉。

(二)施肥

草本花卉生长周期短,植株比较矮小,对肥料的需求量相对较少。生产实践中,为减少栽培过程中追肥的次数,同时为了改良土壤,一般也施用基肥。基肥多选用腐熟的有机肥,如厩肥、堆肥、油饼或粪干等。厩肥及堆肥多在整地前翻入土中,粪干及豆饼等在移植前进行沟施或穴施。一些无机肥料也可以作为基肥,如过磷酸钙等。

幼苗时期的追肥,主要目的是促进茎叶的生长,氮肥成分可稍多一些。在以后的生长期间,应逐渐增加磷、钾肥的比例。栽培土壤肥力较差或生长期长的花卉,追肥次数应多一些。施肥前要先松土,以利根系吸收。施肥后要及时浇透水。不要在中午前后或有风的时候施追肥,以免伤及植株。施追肥时肥液浓度要小,把握"薄肥勤施"的原则。选用化学肥料作追肥时,要严格控制施用浓度。当花卉植株急需养分补给或遇土壤过湿时也可采用根外追肥。

草本花卉施肥量详见表12-1。

表12-1 花卉施肥量　　　　　　　　　　　kg/667m²

	花卉类别	N	P_2O_5	K_2O
一般标准	一、二年生草花宿根与球根类	6.27~15.07 10.0~15.07	5.00~15.07 6.87~15.07	5.00~11.27 12.53~20.00
基　肥	一、二年生草花宿根与球根类	2.64~2.80 4.84~5.13	2.67~3.33 5.34~6.67	3 6
追　肥	一、二年生草花宿根与球根类	1.98~2.10 1.10~1.17	1.60~2.00 0.85~1.07	1.67 1.00

(三)整形与修剪

1. 整形

(1)丛生式:生长期间进行多次摘心,促使多发枝条,全株成低矮丛生状,花朵繁盛。如藿香蓟、矮牵牛、一串红、波斯菊、金鱼草、美女樱、百日草、蝴蝶花、半枝莲等。

(2)单干式:只留主干,不留侧枝,并将所有侧蕾全部摘除,使养分集中于顶蕾。

(3)多干式:留数个主枝,如大丽花留2~4个主枝,菊花留3、5、9枝,其余的侧枝全部剥去。

2. 修剪

(1)摘心:摘除枝梢顶芽。摘心可以促使植株萌芽抽枝形成丛生状,开花繁多;摘心还能抑制枝条生长,促使植株矮化,延长花期。如菊花摘心后可促使枝条充实,牵牛花摘心后可促使花蕾形成等。但花穗长而大或自然分枝力强的种类不宜摘心,如鸡冠花、凤仙花、紫罗兰、麦秆菊等。

(2)除芽:除芽的目的是为了剥去过多的腋芽,控制分枝数和开花数,使所留的花朵发育充分,花大色艳,如菊花栽培。

(3)去蕾:指除去侧蕾而留顶蕾,使顶蕾营养充足,花大色艳。

(4)修枝:剪除枯枝及病虫害枝、位置不正影响观赏效果的枝、开花后的残花枝等,改善植株通风透光条件,减少养分的消耗。

(四)中耕除草

移植后,由于幼苗体量尚小,大部分土面暴露在空气中,土面极易干燥,也易生杂草,这时要及时进行中耕。幼苗渐大后,枝叶覆盖地面,有利于抑制杂草的生长,这时根系已扩展于株间,要减少中耕次数或停止中耕,以免损伤根系,影响植株生长。

中耕深度要根据花卉种类及生长时期而定。根系分布浅的花卉要浅耕,反之要深耕;幼苗期要浅耕,以后随着植株的生长逐渐加深;株行中间要深耕,接近植株处要浅耕。中耕深度一般为3~5cm。

除草可以减少土壤中养分、水分的消耗,有助于控制病虫害的发生,有利于植株的生长发育。地面覆盖可以防止杂草发生,也能起到中耕的效果。常用的覆盖材料有腐殖土、泥炭土、作物秸秆等。用塑料薄膜覆盖不但能抑制杂草的生长,还可以提高土温。

(五)防寒越冬

由于各地区的气候不同,采用的防寒方法也不同。如北方干旱地区多用灌防冻水、设风障等方法,华东地区多用培土、覆盖等方法。

(六)草本花卉病虫害的防治

①保持花卉栽培地的环境卫生,可减少病害。
②保护植株不受损伤,以防病菌侵入。
③土壤预先消毒,可杀死病菌和害虫。
④加强日常管理,保持水肥适当、空气畅通、温度适宜、采光适量,使植株生长健壮,控制病虫害的滋生和蔓延。
⑤室外越冬的花卉,落叶后喷涂石硫合剂,早春和花芽发芽前喷1~3次波尔多液,预防病虫害。
⑥具体的病虫害防治方法参见园林树木养护管理和花卉生产实训部分。

四、实训质量要求及考核标准

(一)实训质量要求

实训内容应与生产密切结合,并且对应当地的生产季节。每项内容都要求学生能独立操作,并能与组内同学分工合作。

(二)实训考核标准

1. 结果考核:分组考核,每组5人,每人养护5株园林花卉。
2. 过程考核:考核标准见表12-2。

表12-2 草本花卉养护管理考核标准

序号	考核内容	考核标准	分数(分)	得 分
1	施基肥	肥料选择合理、方法正确	20	
2	浇 水	浇水及时、达到深度	20	
3	根追肥	符合要求、合理	20	
4	修 剪	方法合理、技术处理得当	20	
5	病虫害防治	农药选择正确、浓度合理、喷施方法正确	20	
		合 计	100	

实训 13　草坪草栽植

一、实训目的

掌握草坪草栽植技术。

二、施工工具与材料

(1) 材料：常用的草坪草、肥料、农药。
(2) 工具：铁锹、水车、水管、支撑材料、遮荫材料。

三、重点掌握的技能环节

(一) 草种的选择

在我国北方地区及高原地区，草坪草种以冷季型草为主，其耐寒性依次为紫羊茅类、翦股颖类、早熟禾类、黑麦草类和高羊茅类。在较温暖的北方地区可使用抗寒性较好的暖季型草种，如野牛草，但其绿色期较短。其他暖季型草在寒冷地区使用，越冬时会造成一定数量的死亡，甚至不能越冬。暖季型草在我国南方地区可广泛使用，冷季型草中的高羊茅和一些耐热型早熟禾品种也可以在部分南方地区使用，绿色期相对较长，但在高温高湿的情况下易发生病害。

简单的选择方式是选择当地已有种植且表现良好的草坪草种类或根据现有品种的不足来挑选能克服其缺陷的品种进行种植。

建植草坪时一般采用两种或两种以上的草坪草种进行混播。

(二) 整地

土壤厚度应不小于40cm，深翻后，清除原土中较大的杂物和杂草根系。如果土壤内杂物过多，应将原土过筛或换土。黏性土壤应加入煤渣或小石子。土壤质地应以壤土为主。土壤贫瘠的地区应适当加入腐熟的有机肥作为基肥，撒肥要均匀，与土壤彻底混合，深度30cm左右。土壤pH值一般应在6.5~7.5之间，如偏碱或偏酸可通过施入过磷酸钙或石灰来调节酸碱度。根据草坪大小、排水能力和周围环境来确定地表坡度，通常为0.3%~0.5%，一般平整成中间高四周低或一面高一面低的地形。如施工地是农田或荒地，应使用除草剂、杀虫剂和杀菌剂对土壤进行处理。为确保草坪建成后地表平整，种草前应灌透水1~2次，然后起高填低，用平耙耧平。

(三) 草坪的建植

主要有播种、种茎直播、草皮块及植生带铺设、草皮草栽植和喷播植草等几种形式。

1. 播种

(1) 选种：选用纯度在97%以上、发芽率在50%以上的经过处理的种子。

(2) 播种量：单播用量根据草种不同有很大的区别。混播则要求2~3种草种按合适比例混播，其总用量为 10~20 g/m²。播种量应根据草坪的用途和施工期限进行调整，一般运动场和开放性场地应加大5%的播种量。草坪草种一般播种量见表13-1。

表13-1 常见草坪草种播种量 　　　　　　　　　　　　　　g/m²

草 种	播种量	草 种	播种量
高羊茅	25~35	黑麦草	20~40
紫羊茅	15~20	多年生黑麦草	25~35
草地早熟禾	10~25	野牛草	20~30
早熟禾	8~10	狗牙根	8~10
翦股颖	30~70	结缕草	4~8

(3)播种时间：暖季型草坪草必须在春末和夏初播种；冷季型草坪草的播种一年四季都可进行，但最好在秋季和春季播种。秋天播种杂草少，是建坪最好的季节；春天播种杂草多，病虫害多，管理难度大；夏天播，温度过高，危险性较大，可以采用稻草、麦秆覆盖的方法；冬天播种温度低，发芽时间长，可以采取覆盖、增温的方法。但在实际施工中，为确保建植的成功，冬季和夏季一般不采用播种建植的方法。

(4)播种方法：将基床表土疏松，把草种均匀的撒播在土壤表面。为使播种均匀，施工时常将种子与沙或细土拌匀后撒播。大面积播种可使用拖拉式播种机或手推式播种机；小面积可使用手摇播种机或手工播种。手工播种可将土地和种子匀分成若干份，一小份种子撒播一小块土地，撒种人应作回纹式或纵横向后退播种，以保证种子分布均匀。大颗种子可覆土0.5cm。小颗种子播种后，用平耙轻耧一下即可。播完后用碾子压实，及时浇水。机械喷播是用草坪草种子与泥炭(或纸浆)、肥料、高分子化合物和水制成混合浆，贮存在容器中，借助机械力量喷到需育草的地面或斜坡上，常用于特殊地质地貌的山坡绿化或岩土绿化。

(5)播后管理：出苗前后及小苗生长期都应始终保持地面湿润，根据天气情况每天或隔天喷水。等幼苗长至3~6cm时可停止喷水，但应经常保持土壤湿润，并及时清除杂草。苗出齐后，局部地段发现缺苗需查找原因，并及时补播。苗期禁止踩踏。

2. 种茎直播

种茎直播的办法和播种类似，它是把萌蘖性强的草坪草的根茎切成小段(含2~3个节)，均匀地撒在准备好的地上，然后覆上1~2cm的细沙，滚压后浇水，可很快成坪。适于此法的草坪草有匍匐翦股颖、狗牙根和结缕草等。

3. 草皮块及植生带铺设

若需要在短期内形成草坪，可采用草皮或植生带铺设法。

(1)铺种规格：根据设计选用合适的草皮或植生带。草皮、植生带尺寸根据运输操作及方法而定。草皮一般有以下几种规格：50cm×50cm、100cm×50cm、60cm×30cm等。草皮也可毯状卷起成捆，厚度为3~5cm。植生带一般宽度为1m，长度根据要求而定。

(2)铺种方法：将商品草皮直接铺设到场地上，一般有满铺和点铺两种方法。满铺就是1m²商品草皮铺1m²场地，即按1:1的比例铺设。点铺法就是将1m²商品草皮铺设到若干平方米场地上。常见的点铺法有"品"字形铺栽法、"梅花形"铺栽法和条形铺栽法(如图11-1)。满铺要求草皮或植生带紧连，不留缝隙，相互错缝。点铺法要求各块草皮或植生带间留有1~2cm或一定宽度的缝进行铺种。铺种后必须淋透水，然后压平。植生带铺种后，要求上面覆约1cm厚的壤土或细沙，并淋透水。

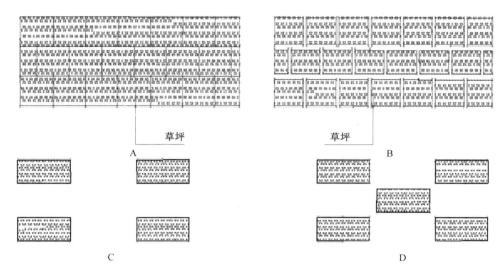

图 13-1 草坪的铺种方法
A. 满铺法　B. 条形铺栽法
C. "梅花形" 铺栽法　D. "品" 字形铺栽法

4. 草皮草栽植

草皮草栽植常采用条栽或穴栽。草源丰富时宜用条栽，在平整好的地面以 8～10cm 为行距，开 5cm 深的沟，把撕开的草条排放入沟中，然后填土、踩实。穴栽以 5cm×5mm 为株行距。嵌草铺砖时依实际情况进行栽种。

为提高成活率，栽植的草应保留适量的护根土，并尽可能缩短掘草至栽草的时间。栽后要充分灌水，清除杂草。

草皮草栽植由于其自身的工艺限制，虽然相对节省草皮材料，但其单株的生长势很容易使草坪呈现一簇一簇的现象，很难在景观效果要求高的场地上实施，现在较少应用。

四、实训质量要求及考核标准

（一）实训质量要求

实训内容应与生产密切结合，并且对应当地的生产季节。每项内容都要求学生能独立操作，并能与组内同学分工合作。

（二）实训考核标准

(1) 结果考核：分组考核，每组 5 人，在 30min 内完成 5m² 草坪的播种或 5m² 草坪的铺种。

(2) 过程考核：考核标准见表 13-2。

表 13-2　草坪草栽植考核标准

序号	考核内容	考核标准	分数（分）	得分
1	整地	细致、正确	30	
2	播种（铺种）	数量准确，方法正确	30	
3	管理	符合要求，合理	20	
4	合作	在规定的时间内完成，分工协调	20	
	合计		100	

实训 14　草坪草的养护管理(肥、水、病虫害)

一、实训目的

熟练掌握草坪草肥、水管理方法，熟悉常见病虫害，选择恰当的技术方法进行病虫害防治。

二、实训工具与材料

各种肥料、铁锹、喷壶、常用农药。

三、重点掌握的技能环节

(一)浇水

1. 浇水时期

主要时期为出苗前后、苗期、干旱期。一般情况下，每周浇水 2~3 次。

2. 浇水量

以使 20cm 以上土层水分饱和为原则。浇水的同时要配合施肥、打药、修剪等养护措施。入冬前和初春两季浇水量相对较大；秋季封冻水一定要浇足；在冬季较温暖的中午也可以浇水，以保持草坪颜色和土壤含水量；春季的开冻水应浇早浇足，以利于草坪春季返青，提高与杂草的竞争力；夏季浇水是降温的手段之一，是保证夏季休眠的冷季型草安全越夏的一种措施。

3. 浇水方法

如有条件尽量使用喷灌设备，特别是在施工时喷灌可以保证草种不被水流冲跑。也可使用水车或水管浇水。

要特别注意排水。

(二)施肥

1. 施肥时间

健康的草坪草应在每年的生长季节施肥以保证氮、磷、钾的供应。基肥应在秋季(8月下旬~11月底)和春季(3月初~5月中旬)施用，以保证草坪安全越冬和早春迅速生长，提高与杂草的竞争力。生长旺盛期施肥可避免因频繁修剪而造成草坪生长势弱和受病害侵袭。冷季型草一般夏季不施氮肥，因为施氮肥易造成植株徒长，从而使草坪通透性差，易于感病。每年对草坪进行至少 2 次以上的复合肥料(包括氮、磷、钾)施肥，使草坪生长良好。施肥时间受许多因素的影响，常靠经验。如草坪变黄，施氮肥仍未见绿，说明土壤中缺铁或 pH 值太高，可喷施 $FeSO_4$。

2. 施肥量

肥料三要素氮∶磷∶钾 = 10∶5∶5。建植草坪时应施入有机肥作基肥。成坪后应以长效缓释的无机肥为主,每次施肥量为每 $667m^2 10\sim 20kg$。氮、磷、钾是草坪植物所需的主要营养元素,除此之外还需要钙、镁、硫等营养元素。某些地方的土壤中非常缺乏铁、锰等微量元素,需要进行补充。

3. 施肥方法

一般采用人工喷施、叶面喷施、机械施肥3种方法。施肥时应注意施肥的均匀性和肥料营养成分的合理性。肥料应撒施均匀,在浇水或下小雨前施入。有条件的情况下施肥前对草坪进行修剪。施肥后一般要浇水,使肥料溶解或掉落到土壤上,不与草坪的茎、叶直接接触,否则容易造成草坪烧伤。叶面喷肥可以迅速改善叶片颜色。

(三)病虫害防治

选择草种时应选择对栽培地区多发病虫害抗性较好的品种,建植时应改善土壤条件。好的土壤条件将使植株健壮,并可抵御病害的发生,提高建坪质量。条件允许时,应对土壤进行灭生性熏蒸处理,保证土壤及基肥中不含害虫和病原物接种体。

平衡施肥,适当增加磷、钾肥的使用,控制氮肥用量。根据植株生长情况调整追肥次数和时间,使其既满足植物生长对肥力的需要,又避免氮肥过量而造成病害发生。合理排灌,做到既可保证生长对水分的需要,又可避免土表积水或湿度过高,抑制病害流行。

适度修剪。剪草刀片是造成和传染病原菌从剪草伤口侵入植株的主要媒介。草屑应及时清理,防止腐烂病变,减少枯草层,消灭病虫越冬场所,及时掌握病虫情报。在病虫害多发季节和蔓延之前,需定期定时定量喷打农药,将病虫害消灭在萌芽阶段。必须贯彻"预防为主,综合防治"的原则。高温高湿季节和虫害到来之前,及早发现病、虫情,最好在病虫害发生前喷洒保护性杀菌、杀虫剂,以防止病原物的侵染。

病虫害发生后,对不同病害和虫害喷施特效药以减少因病虫害造成的损失。病虫害控制后应加强养护管理,以防止草坪生长势弱,病虫害复发。

严格控制施药技术及药剂质量,对症下药,合理轮换,交替用药,提高疗效。常用的杀虫剂有乐果、敌敌畏、辛硫磷、敌百虫等;常用的保护性杀菌剂有代森锌、代森铵、百菌清、福美双等;治疗性杀菌剂有多菌灵、粉锈宁、多抗霉素、甲基托布津等。

(四)清除杂草

任何草坪都必须按"除早、除小、除净"的原则清除杂草。栽植前应对土壤进行处理,主要使用易挥发与易光解的灭生性除草剂,如灭草猛等。翻耕时清除杂草根系,然后耧平,播种。

正确使用各种选择性除草剂还可以有效地控制双子叶和一年生杂草、杀灭单子叶杂草。若施用灭生性土壤处理剂溴甲烷、SMDC 等,应在挥发后播种;若施用灭生性除草剂草甘膦、百草枯等,应在残效期后播种;苗前除草剂有恶草酮、西玛津;苗后除草剂有灭草松、百草敌、阔叶净、2 钾 4 氯、2,4-D 丁酯。

加强草坪的肥水管理,促进草坪草旺盛生长是抑制杂草滋生与蔓延的手段。

(五)修剪

1. 草坪修剪的时间和次数

与草坪的生长发育、草坪的种类、肥料的供给有关,特别是氮肥的供给,对修剪的次数影响较大。一般来说冷季型草坪草有春秋两个生长高峰期,因此在两个高峰期应加强修剪。

但为了使草坪有足够的营养物质越冬，在晚秋应逐渐减少修剪次数。在夏季冷季型草坪有休眠现象，应根据情况减少修剪次数。暖季型草坪由于只有夏季是生长高峰期，因此在夏季应多加修剪。在生长正常的草坪中，供给的肥料多，就会促进草坪的生长，从而增加草坪的修剪次数。

粗放管理的草坪最少在抽穗前修剪两次，达到无穗状态。草坪越冬和休眠期留茬高度应略高于基本留茬高度，苗高 10~15cm 即可修剪。

2. 修剪量

每次剪除叶片的长度不超过叶片总长度的 1/3。若修剪过度，会造成草坪的退化。

3. 修剪方法

剪草时应清除草地中的石块及其他杂物，检查剪草机各部位是否正常，是否有露油的地方，刀片是否锋利。草过高时应多次修剪，从而达到留茬高度。剪下的草叶需及时彻底从草坪上清除。剪草后应碾压，然后浇水。

4. 滚压和打孔

草坪的滚压能增加草坪分蘖和促进匍匐枝的伸长，使节间变短，草坪密度增加，抑制杂草入侵；对因霜冻、冰冻和蚯蚓等动物搅乱而引起的土壤变形进行修整；滚压还可以对草坪修造花纹，提高草坪的美观度。

打孔是为了增加土壤的通气度，利于肥料的吸收，使草坪更好地生长。

四、实训质量要求及考核标准

（一）实训质量要求

实训内容应与生产密切结合，并且对应当地的生产季节。每项内容都要求学生能独立操作，并能与组内同学分工合作。

（二）实训考核标准

1. 结果考核：分组考核，每组 5 人，每组养护 5m² 草坪草。
2. 过程考核：考核标准见表 14-1。

表 14-1 草坪草养护管理考核标准

序号	考核内容	考核标准	分数（分）	得分
1	施基肥	肥料选择合理，方法正确	20	
2	浇水、追肥	浇水及时，达到深度；符合要求，合理	20	
3	除杂草	除草方法合理、科学；草坪质地均匀	20	
4	修剪	方法合理，修剪高度与频度合理，技术处理得当	20	
5	病虫害防治	农药选择正确，浓度合理，喷施方法正确	20	
	合　计		100	

实训15 园林植物造型技艺

一、实训目的

根据园林植物的形态特征与用途,选择合适的造型方法。掌握不同用途园林植物造型技艺手法、修剪时期、修剪方法,熟练使用修剪工具。

二、施工工具与材料

各种类型的园林树木、绿篱、修枝剪、绿篱剪、修剪锯、修剪梯、绿篱修剪机。

三、重点掌握的技能环节

(一)行道树的造型技艺

1. 杯状形行道树的造型技艺

杯状形行道树具有典型的三叉六股十二枝的冠形,主干高2.5~4m。整形工作在定植后的5~6年内完成。

法国梧桐杯状造型技艺:春季定植时,于2.5~4m处截干,萌发后选3~5个方向不同、分布均匀、与主干成45°夹角的枝条作主枝,其余部分分期剥芽或疏枝。冬季,主枝留80~100cm进行短截,剪口芽留在侧面,并处于同一平面上,使其匀称生长。第二年夏季再剥芽疏枝。上方有架空线路时,避免枝与线路接触,按规定保持一定距离,一般电话线为0.5m,高压线为1m以上。为抑制剪口处侧芽或下芽转向上直立生长,抹芽时可暂时保留直立主枝,促使剪口芽侧向斜上生长。第三年冬季于主枝两侧发生的侧枝中,选1~2个作延长枝,并在80~90cm处短剪,剪口芽仍留在枝条侧面,疏除原暂时保留的直立枝、交叉枝等,如此反复修剪,经3~5年后即可形成杯状形树冠。近建筑物一侧的行道树,为防止枝条扫瓦、堵门、堵窗,影响室内采光和安全,应随时对过长枝条进行短截修剪。

2. 开心形行道树的造型技艺

多用于无中央主轴或顶芽能自剪的树种,树冠自然展开。定植时,将主干留3m或者截干,春季发芽后,选留3~5个位于不同方向、分布均匀的侧枝进行短剪,促进枝条生长成主枝,其余全部抹去。生长季注意将主枝上的芽抹去,只留3~5个方向合适、分布均匀的侧枝。次年萌发后选留侧枝6~10个,使其向四方斜生,并进行短截,促发次级侧枝,使冠形丰满、匀称。

3. 自然式冠形行道树的造型技艺

在不妨碍交通和其他公用设施的情况下,树木有任意生长的条件时,行道树多采用自然式冠形,如塔形、卵圆形、扁圆形等。

(1)有中央领导枝的行道树:如杨树、水杉、侧柏、金钱松、雪松、枫杨等。

分枝点的高度按树种特性及树木规格而定,栽培中要保护顶芽向上生长。郊区多用高大树木,分枝点在4~6m以上。主干顶端如受损伤,应选择一直立向上生长的枝条或在壮芽处短剪,并把其下部的侧芽抹去,抽出直立枝条代替,避免形成多头现象。

①毛白杨造型技艺　不耐重抹头或重截，应以冬季疏剪为主。一般树冠高占株高的3/5，树干（分枝点以下）高占2/5。种植在快车道旁的植株，分枝点应在2.8m以上。注意最下面的三大主枝上下位置要错开，方向均称，角度适宜。要及时剪掉三大主枝上最基部贴近主干的侧枝，并选留好三大主枝以上的其他各主枝，使其呈螺旋形向上排列。

②银杏造型技艺　每年枝条短截，下层枝应比上层枝留得长，萌生后形成圆锥状树冠。成形后，仅对枯病枝、过密枝进行疏剪，一般修剪量不大。

(2) 无中央领导枝的行道树：如旱柳、榆树等。

分枝点高度一般为2~3m，留5~6个主枝，各层主枝间距短，使其自然长成卵圆形或扁圆形的树冠。每年修剪的主要对象是密生枝、枯死枝、病虫枝和伤残枝等。

行道树定干时，同一条干道上分枝点高度应一致，不可高低错落，影响美观与管理。

(二) 花灌木的造型技艺

1. 根据树木生长时期进行修剪与整形

(1) 幼年期：幼树以整形为主，宜轻剪。严格控制直立枝、斜生枝的上位芽，在冬剪时应剥掉，防止成直立枝。病虫枝、干枯枝、人为破坏枝、徒长枝等用疏剪方法剪去。对于丛生花灌木，选择生长健壮的直立枝加以轻摘心，促其早开花。

(2) 成熟期：成年树进行休眠期修剪时，在秋梢以下适当部位进行短截，同时逐年选留部分根蘖，并疏掉部分老枝，以保证枝条不断更新，保持丰满株形。

(3) 老年期：老弱树木应采用重短截的方法，使营养集中于少数腋芽，萌发壮枝。及时疏除细弱枝、病虫枝、枯死枝。

2. 根据树木开花习性进行修剪与整形

(1) 春季开花，花芽（或混合芽）着生在2年生枝条上的花灌木，如连翘、榆叶梅、碧桃、迎春、牡丹等灌木。

在花谢后叶芽开始膨大尚未萌发时进行修剪。修剪的部位依植物种类及花芽类型有所不同。连翘、榆叶梅、碧桃、迎春等可在开花枝条基部留2~4个饱满芽进行短截。牡丹则仅将残花剪除即可。

(2) 夏秋季开花，花芽（或混合芽）着生在当年生枝条上的花灌木，如紫薇、木槿、珍珠梅等。

在休眠期进行修剪。在2年生枝条基部留2~3个饱满芽或一对对生芽进行重剪。剪后可萌发出一些茁壮的枝条，花枝会减少，但由于营养集中会产生较大的花朵。对于有些灌木，如希望当年开两次花者，可在花后将残花及其下的2~3个芽剪除，刺激二次枝条的发生，适当增加肥水即可二次开花。

(3) 花芽（或混合芽）着生在多年生枝上的花灌木，如紫荆、贴梗海棠等。

花芽大部分着生在2年生枝上，但当营养条件适合时，多年生的老枝亦可分化花芽。对于这类灌木，当植株达到开花年龄时，修剪量应较小。在早春可将枝条先端枯干部分剪除。在生长季节为防止当年生枝条生长过旺而影响花芽分化，可进行摘心，使营养集中于多年生枝干上。

(4) 花芽（或混合芽）着生在开花短枝上的花灌木，如西府海棠等。

一般不进行修剪，可在花后剪除残花。夏季生长旺时，对生长枝进行适当摘心，抑制其生长，并疏除过多的直立枝、徒长枝。

(5) 一年多次抽梢，多次开花的花灌木，如月季。

于休眠期对当年生枝条进行短剪或回缩强枝，同时剪除交叉枝、病虫枝、并生枝、弱枝及内膛过密枝。寒冷地区可进行强剪,必要时埋土防寒。生长期可进行多次修剪,于花后在新梢饱满芽处短剪(通常在花梗下方第2~3个芽处)。剪口芽很快萌发抽梢,形成花蕾开花,花谢后再剪,如此重复。

(三)绿篱的造型技艺

绿篱依其高度可分为绿墙(160cm以上)、高篱(120~160cm),中篱(50~120cm)和矮篱(50cm以下)。高度不同的绿篱,采用不同的整形方式。

1. 自然式

绿墙、高篱和花篱多采用此法,如用于阻隔的枸骨、火棘等绿篱和玫瑰、蔷薇、木香等花篱。

适当控制高度,并疏剪病虫枝、干枯枝,任枝条生长,使其枝叶相接紧密成片,提高阻隔效果。开花后略加修剪使之继续开花。对蔷薇等萌发力强的树种,盛花后可进行重剪。

2. 整形式

中篱和矮篱多采用几何图案式的修剪整形,如矩形、梯形、倒梯形、篱面波浪形等。

绿篱定植后第一年最好任其自然生长。从第二年开始,按照预定的高度和宽度进行短截。修剪时,要依苗木大小,截去苗高的1/3~1/2。可在生长期内(5~10月)对所有新梢进行2~3次修剪,如此反复2~3年,直至绿篱的下部枝条长得匀称、稠密,上部树冠彼此密接成形。

修剪时可在绿篱带的两边各插一根竹杆,再沿绿篱上口和下沿拉直绳子,作为修剪的准绳。对于较粗的枝条,剪口应略倾斜,以防雨季积水、剪口腐烂。同时应注意直径1cm以上的粗枝剪口,比篱面低1~2cm,使其掩盖于细密枝叶之下。绿篱的横断面以上小下大的梯形为好。先剪其两侧,使其侧面成为一个斜平面,再修剪顶部,使整个断面呈梯形。

四、实训质量要求及考核标准

(一)实训质量要求

实训内容应与生产密切结合,并且对应当地的生产季节。完全按生产程序进行操作。每项内容都要求学生能独立完成,并能与组内同学分工合作。

(二)实训考核标准

(1)结果考核:以组为单位,在规定时间内,按教师给定的植物种类确定修剪方法。

(2)过程考核:考核标准见表15-1。

表15-1 园林植物造型技艺考核标准

序号	内容	标准	分值(分)	得分
1	时期	根据要求确定时期	10	
2	剪口	剪口位置准确,剪口芽保留合理	20	
3	定干	根据植物种类和用途确定定干高度	20	
4	骨架	骨架保留合理,枝条修剪适度	30	
5	合作	组内分工明确,合作协调	10	
6	时间	30min内完成5株植物的修建	10	
合计			100	

参 考 文 献

1. 卓丽环.2003.城市园林绿化植物应用指南[M].北京:中国林业出版社.
2. 高光民.1997.中小型苗圃林果苗木繁育实用技术手册[M].北京:中国林业出版社.
3. 魏岩.2003.园林植物栽培养护[M].北京:中国科技出版社.
4. 苏金乐.2003.园林苗圃学[M].北京:中国农业出版社.
5. 俞玖.1987.园林苗圃学[M].北京:中国林业出版社.
6. 祝遵凌,王瑞辉.2005.园林植物栽培养护[M].北京:中国林业出版社.
7. 陈有民.1998.园林树木学[M].北京:中国林业出版社.
8. 江胜德,包志毅.2004.园林苗木生产[M].北京:中国林业出版社.
9. 赵和文.2004.园林树木栽植养护学[M].北京:气象出版社.
10. 鲁涤非.2004.花卉学[M].北京:中国农业出版社.
11. 毛洪玉.2005.园林花卉学[M].北京:化学工业出版社.
12. 北京林业大学园林系花卉教研组.1990.花卉学[M].北京:中国林业出版社.
13. 成海钟,蔡曾煜.2000.切花栽培手册[M].北京:中国农业出版社.
14. 陈俊愉,程绪珂.1990.中国花经[M].上海:上海文化出版社.
15. 张福墁.2001.设施园艺学[M].北京:中国农业大学出版社.
16. 张秀英.1999.观赏花木整形修剪[M].北京:中国农业出版社.
17. 王福银,王润贤,刘奎.2001.园林草坪建植与养护[M].北京:中国农业出版社.
18. 陈卫元.2005.花卉栽培[M].北京:化学工业出版社.
19. 梁伊任.2000.园林建设工程[M].北京:中国城市出版社.
20. 韩烈保,田地,牟新待.1999.草坪建植与管理手册[M].北京:中国林业出版社.
21. 陈志一.1993.草坪栽培管理[M].北京:中国农业出版社.